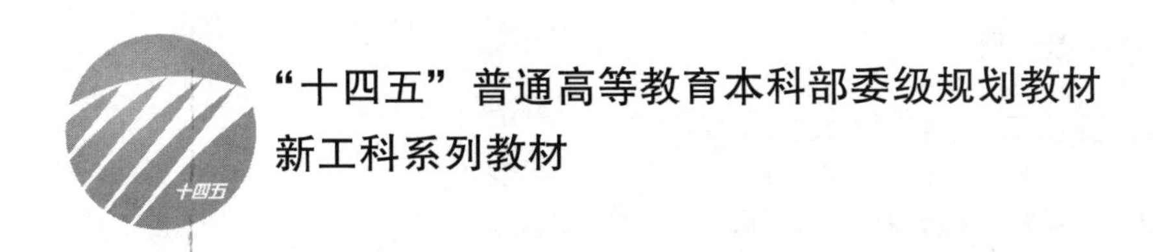

“十四五”普通高等教育本科部委级规划教材

新工科系列教材

生物医用非织造材料

赵荟菁　主编

孟　凯　丁远蓉　副主编

中国纺织出版社有限公司

内　容　提　要

本书首先对非织造材料、生物医用非织造材料进行了概述；其次，介绍了生物材料应用中的基本医学知识；再次，对非织造医用敷料、人工血管、口腔修复屏障膜以及非织造医用隔离防护产品、卫生护理用产品的结构、功能、制备方法等进行了介绍；最后，介绍了生物医用非织造材料的相关测试方法。

本书主要作为高等纺织院校非织造材料方向本科生或研究生教材，也可作为生物医用非织造材料领域人员的参考书。

图书在版编目（CIP）数据

生物医用非织造材料／赵荟菁主编．--北京：中国纺织出版社有限公司，2021.5

“十四五”普通高等教育本科部委级规划教材、新工科系列教材

ISBN 978-7-5180-8429-6

Ⅰ．①生…　Ⅱ．①赵…　Ⅲ．①医用织物-非织造织物-高等学校-教材　Ⅳ．①TS106.6

中国版本图书馆 CIP 数据核字（2021）第 046897 号

策划编辑：沈　靖　孔会云　　责任编辑：沈　靖
责任校对：王蕙莹　　责任印制：何　建

中国纺织出版社有限公司出版发行
地址：北京市朝阳区百子湾东里 A407 号楼　邮政编码：100124
销售电话：010—67004422　传真：010—87155801
http://www.c-textilep.com
中国纺织出版社天猫旗舰店
官方微博 http://weibo.com/2119887771
北京市密东印刷有限公司印刷　各地新华书店经销
2021 年 5 月第 1 版第 1 次印刷
开本：787×1092　1/16　印张：9.5
字数：188 千字　定价：58.00 元

前言

生物医用非织造材料在人类医疗、卫生等领域，发挥着越来越重要的作用。让纺织工程、非织造材料与工程专业的本科生、研究生系统学习、了解生物医用非织造材料，并进一步激发他们创新研发的兴趣是编者多年的心愿。生物医用非织造材料涉及多学科领域，包括非织造学、材料学、医学、生命科学等。因此，本教材除了介绍与生物医用非织造材料相关的纤维原料、材料制备及成形工艺原理等内容外，还涉及一些基础医学知识，以及人工血管、医用敷料、防护用品等几种特定非织造制品的最新研究成果及基本测试方法，以便于工科背景的学生和研究者阅读，希望本教材能对读者系统学习生物医用非织造材料的相关知识有所裨益。

全书分为9章，由苏州大学纺织与服装工程学院非织造系及现代丝绸国家工程实验室的活跃在教学、科研一线的6位教师合作编写。其中第1章由丁远蓉编写，第2章由丁远蓉、高颖俊、刘帅联合编写，第3章由高颖俊编写，第4章由高颖俊、程丝、赵荟菁联合编写，第5、第6章由赵荟菁编写，第7、第8章由丁远蓉编写，第9章由孟凯编写。全书由赵荟菁、孟凯统稿、修改、审校。在此，对参与编写的几位老师表示由衷的感谢！另外，感谢身在瑞士的罗珈珞博士多次的资料查找工作；感谢刘宇清老师、蒋紫仪、唐月婷、李田华、徐张鹏、唐英姿、骆宇、刘月等研究生所提供的资料查找、图片编辑等帮助；感谢苏州大学纺织与服装工程学院对本教材的出版资助！

在本教材编写过程中，尽管每一位编者都非常认真努力，但难免存在不足和纰漏，敬请读者不吝赐教和指正。

赵荟菁，孟凯

2020年12月

目录

第1章　非织造材料概述

2003年“重症急性呼吸综合征（非典、SARS）”、2009年“甲型H1N1流感（甲流）”和2020年“新型冠状病毒肺炎（COVID-19）”的爆发和流行，使一次性“非织造布”防护口罩、防护服、医用手术衣、病员服等用品供不应求。

2008年6月《国务院办公厅关于限制生产销售使用塑料购物袋的通知》（限塑令）颁布至今，“非织造布”购物袋得到普遍推广和使用。

2008年11月，国家投入4万亿元人民币用于加快铁路、公路和机场等重大基础设施建设，各类“非织造布”被广泛用于建筑、路基、水利等工程项目中，为我国的基础建设做出巨大贡献。

近年来，“霾”笼罩着我国的部分地区，严重影响了人们的工作、生活和健康，“非织造布”防霾口罩成为人们出行的必需品。

“非织造布”一词源自英语“nonwoven fabrics”。其中non是“非”或“无”的意思，woven是weave“织造”的过去分词，fabrics是“布”或“织物”的意思，依照字面意思组合在一起，就出现了“非织造布”“无纺布”等词汇。越来越多的产品加入“nonwoven fabrics”的大家庭中。因此，不限定形式的与非织造有关的一个英文术语“nonwovens”被广泛应用，与之相匹配的中文专业术语“非织造材料”应运而生。

1.1　非织造材料的定义

1.1.1　国外标准及定义

根据美国材料试验协会ASTM（American Society of Testing Materials）标准和欧洲用即弃产品与非织造材料协会EDANA（The European Disposables and Nonwovens Association）标准，非织造材料的定义为：

A manufactured sheet, web or batt of directionally or randomly orientated fibers, bonded by friction, and/or cohesion and/or adhesion, excluding paper and products which are woven, knitted, tufted, stitch-bonded incorporating binding yarns or filaments, or felted by wet-milling, whether or not additionally needled.

The fibers may be of natural or man-made origin. They maybe staple or continuous filaments or be formed *in situ*.

根据美国非织造材料工业协会INDA（International Nonwovens and Disposable Association）标准，非织造材料的定义为：

Nonwoven fabrics are broadly defined as sheet or web structures bonded together by entangling fiber or filaments (and by perforating films) mechanically, thermally or chemically. They are flat, porous sheets that are made directly from separate fibers or from molten plastic or plastic film. They are not made by weaving or knitting and do not require converting the fibers to yarn.

从以上各标准给出的定义来看，非织造材料是指定向或随机排列的纤维通过摩擦、抱合、黏合或者这些方法的组合而相互结合制成的一类具有特殊结构的纤维集合体。非织造材料的性能在很大程度上取决于所选用的纤维类型。非织造材料中使用的纤维几乎没有任何限制，可以非常短，只有几毫米长，如造纸工艺中常用的木浆纤维；可以是长度为上百毫米的“普通”纤维，如传统纺织工业中常用的棉、麻、丝、毛等天然短纤维和涤纶、丙纶、锦纶、腈纶等化学短纤维；也可以是很长的连续长纤维，如化纤厂的化学长纤维束等；甚至可以是在非织造材料的加工过程中，通过溶解或加热熔融等方法使聚合物产生流动、固化和牵伸，从而形成的连续不断的长纤维。

非织造材料的加工方法和产品的种类较多，其中不乏与传统纺织品、纸、膜等片状材料的外观、物理化学性能相似的产品。因此，不管人们是否会将其与非织造材料进行比较，各标准中的非织造材料定义还是排除了机织物、针织物、簇绒织物等各类型以纤维为原料的传统纺织品。无论是英文名称“nonwovens”或是中文名称“非织造材料”都可以看出，这类材料既不是机织物，也不是针织物或其他传统纺织品，这些陈述的背后是非织造材料的基本特征：与机织物或针织物显著不同，最终构成非织造材料的纤维无需经过纱线的准备或者过渡阶段，即可转变为具有特定结构的纤维集合体。

传统纺织品除了机织物和针织物外，还有一些其他的纺织面料，比如不含纱线的缩绒织物，或者含有少量缝编纱线的缝编织物。欧洲标准化委员会（CEN）规定，非织造材料不包括纸、机织物、针织物、簇绒织物、带有缝编纱线的缝编织物以及湿法缩绒的毡制品。CEN对非织造材料的定义被美国材料试验协会 ASTM 和欧洲用即弃产品与非织造材料协会 EDANA 采用。美国非织造材料工业协会 INDA 的定义稍有不同，其范围更广，且更简单：尚未转化为纱线的天然纤维、人造纤维、连续长纤维、膜裂纤维等，通过几种方法中的任何一种结合在一起的片状、网状或毡状，不包括纸。

1.1.2 《纺织品非织造布术语》（GB/T 5709—1997）及定义

1997 年，国家标准（GB/T 5709—1997）分两部分对“非织造材料”进行了界定。

第一部分：“定向或随机排列的纤维通过摩擦、抱合或黏合或者这些方法的组合而相互结合制成的片状物、纤网或絮垫（不包括纸、机织物、簇绒织物、带有缝编纱线的缝编织物以及湿法缩绒的毡制品）。所用纤维可以是天然纤维或化学纤维；可以是短纤维、长丝或直接形成的纤维状物。”

第二部分：“为了区别湿法非织造材料和纸，还规定了在其纤维成分中长径比大于 300 的纤维占全部质量的 50%以上，或长径比大于 300 的纤维虽只占全部质量的 30%以上但其密度小于0.4g/cm^3的，属于非织造材料，反之为纸。”定义中纤维的“长径比”即长度与直径之比。

简言之，非织造材料就是通过织造之外的方法，将符合要求的纤维固结在一起而制备的具有一定力学性能的材料。很显然，这一定义主要规定了非织造材料的生产制备方法：将原料“纤维”（不是纱线）以“定向或随机排列”的方式形成纤网，“通过摩擦、抱合或黏合或者这些方法的组合”固结成型，就得到了非织造材料。“定向或随机排列”即为“成网”方法，“通过摩擦、抱合或黏合或者这些方法的组合”即为“加固”方法。因此，非织造材料的制备方法就是将纤维原料以一定“成网”方法形成纤网，再选择“加固”的方法将纤网固结，形成“非织造材料”。

非织造材料显然超出了纺织品的范围，它们的纤维可能是很短的“不可纺（纱）”的纤维，例如造纸业常用的几毫米长的木浆纤维，也可以源自箔片和其他塑料。非织造材料的结构稳定性不依赖于纱线的交织，而是单根纤维和其他纤维之间相互结合的结果，这使非织造材料具有优良的吸附、过滤性能，因此非织造材料具有更广泛的应用领域。

1.2　非织造材料的发展简史

现代非织造工艺技术最早出现于19世纪70年代，1878年英国的William Bywater公司开始制造最早的针刺机；1892年出现了有关气流成网的美国专利；1930年针刺法非织造材料开始应用在汽车工业中；1942年美国某公司为其生产的化学黏合纤维材料命名为“nonwoven fabrics”；1951年美国研制出熔喷法非织造材料；1959年美国和欧洲成功研制出纺丝成网法非织造材料；20世纪50年代末，由传统低速造纸设备改造成的湿法非织造成网设备开始投产；20世纪70年代，美国开发水刺法非织造材料；1972年出现了起绒针刺地毯。近年来，受益于持续增长的需求推动，非织造行业成为全球纺织业中发展最迅速、创新最活跃的领域之一，而非织造材料已成为现代工业、农业、水利、交通、城市生活等发展必不可少的新型材料。

尽管我国的非织造材料产业起步较晚，但发展速度惊人。目前，我国非织造材料的产量居全球首位，超过全球非织造材料产量的40%，已经成为全球最大的非织造材料生产国、消费国和贸易国。随着“健康中国”升级为国家战略，大健康产业已经成为我国经济转型的新引擎。大健康理念是根据时代发展、社会需求与疾病谱的改变提出的，它围绕着人的衣食住行以及人的生老病死，关注各类影响健康的危险因素和误区，提倡自我健康管理。这对整个非织造行业发展起到了推动作用，同时也加剧了行业间、企业间、产品间的相互竞争，为非织造材料的发展提供了机遇与挑战。

1.3 非织造材料的加工方法与原理

尽管非织造材料的外观和性能千变万化，但其加工的基本原理是一致的。根据材料的加工工艺，一般可以分为四个过程：纤维或原料的选择；成网；固网；后整理。

1.3.1 纤维或原料的选择

非织造材料是一类具有特殊结构的纤维集合体，因此纤维的选择是非织造材料加工过程的第一步。纤维或原料的选择主要基于以下几方面的考虑：成本、可加工性和材料的最终性能要求。

原料还包括纤维油剂、聚合物切片或母粒、化学黏合剂与助剂、功能性整理剂等，主要根据成网、固网及后整理工艺和设备进行选择。

1.3.2 成网

成网又称为纤网成形，是指将纤维形成松散的、均匀覆盖的纤网的工艺过程。纤网是非织造加工过程中最重要的半成品，对最终产品的形状、结构、性能及用途影响很大。因此，评定并控制纤网质量至关重要。纤网均匀度和纤网结构是评定纤网质量的两个指标。纤网均匀度是指纤维在纤网中分布的均匀程度，用纤网面密度（克重）的不匀率来表示，纤网面密度用单位面积纤网的质量来表示。反映纤网结构的基本指标是纤维在纤网中的排列方向，一般以纤维的定向度来表示，即以纤维在纤网中呈单方向（如横向或纵向）排列数量的多少来表征纤网结构。

在成网过程中所形成的纤网强度很低，基本无法直接作为材料使用。纤网中的纤维可以是传统纺织行业中常见的天然短纤维或化学短纤维，也可以是由聚合物切片或母粒直接挤出成型的连续长纤维。成网工艺的选择主要取决于纤维或原料的特性，主要有干法成网、湿法成网和聚合物直接成网三大类。

干法成网指的是在干态条件下，将纤维制成纤网的一种非织造成网技术，包含梳理成网、机械铺网、气流成网等技术。

湿法成网是相对于干法成网而言的，是在湿态的条件下成网的。即以水为介质，使纤维均匀地悬浮在水中，借由水流作用，使纤维在多孔网帘上沉积而形成纤网的一种非织造成网技术。

聚合物直接成网法是传统纺丝工艺的延续，采用高聚物的熔体或浓溶液进行纺丝和成网。从结构上来说，聚合物直接成网法所获得的纤网是由连续长纤维随机排列组成的，具有很好的力学性能，是短纤维成网非织造材料无法匹敌的。从理论上讲，任何可以经由传统纺丝工艺成型的聚合物均可用于聚合物直接成网工艺。聚合物直接成网法包括基于溶液纺丝工艺的静电纺丝技术、闪蒸非织造技术等，以及基于熔融纺丝工艺的纺粘法、熔喷法等。但考虑到纺丝性能、生产成本以及产品性能等因素，目前较多采用聚丙烯、聚酯、聚乙烯和聚酰胺等热塑性高聚物作为原料，经熔融纺丝工艺喷丝成纤维，再经由牵伸、分丝、铺网等手段得到结构均一的纤网。

1.3.3　固网

非织造成网方法只能获得结构松散的纤网，相邻纤维之间基本不存在结合力，纤网的强度较低或基本没有任何强度，因此需要对其进行加固后才能使用。固网又称为纤网的固结，是指成网后，对纤网所持松散纤维进行固结，增加相邻纤维间的结合力，使纤网具有一定的形态和强度的工艺过程。

熔喷法非织造成网工艺比较特殊，可以获得一类具有自黏合结构的纤网。从熔喷模头挤出的聚合物熔体经高速热空气的喷吹、牵伸，模头下方补入冷却空气使熔体细流冷却结晶，形成超细纤维并收集在凝网帘或滚筒上，依靠纤维内的余热与相邻纤维之间产生结合力，使纤网具有一定的强度。与蚕吐丝、蜘蛛结网（图 1-1）的过程类似，熔喷法非织造工艺过程浑然天成地将纺丝、成网和加固三个过程集成在一起。

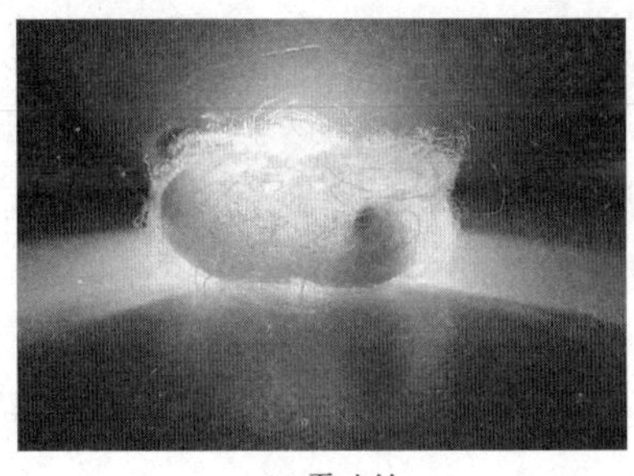
(a) 蚕吐丝

(b) 蜘蛛结网

图 1-1　自然界的“非织造材料”

图 1-2 所示为小鸟和它坚固的巢穴。为了繁衍后代，小鸟们会在繁殖的季节筑巢。为了幼雏的发育，巢内必须有减缓热量散失的作用；为了安全，鸟巢的颜色要与周围环境一致。所以，它们精心地选取了干树枝、枯树叶、杂草等作为筑巢的原材料。接下来，这些伟大的

图 1-2　自然界的“非织造材料”加固

建筑师们会用泥土和水把这些原材料一个接一个地固定在最恰当的位置，搭建出坚固、完美的巢穴。非织造材料加固技术与小鸟筑巢是非常相似的，也是通过一系列的加固手段，将纤网中的纤维固定在最恰当的位置，让非织造材料获得满足使用要求的性能。

1.3.3.1 化学黏合法非织造加固技术

在小鸟筑巢的启发下，根据纤维原料的特性，选一些合适的化学黏合剂或溶剂代替泥土和水，用喷洒或浸渍的方法施加于纤网上，然后将纤网进行热处理，就可以把纤网中的纤维按照特定的结构和层次黏结在一起，让纤网具有一定强度，这就是非织造加固技术的雏形，也是应用历史最长、使用范围最广的一种非织造纤网的加固方法——化学黏合法非织造加固技术。该技术广泛应用于黏合衬基布、一次性卫生材料、擦拭材料、防水材料基布、保暖絮片、过滤材料等产品的加工中。

1.3.3.2 热黏合法非织造加固技术

有一类聚合物具有热塑性，即加热到一定温度后会软化、熔融，变成具有一定流动性的黏流体，冷却后又重新固化成为固体材料。随着低熔点热塑性聚合物及其纤维的迅速发展，研究者们将起到固结作用的化学黏合剂替换成对温度敏感的低熔点纤维或低熔点聚合物粉体，于是热黏合法非织造加固技术应运而生。给添加了低熔点纤维或低熔点聚合物粉体的非织造纤网施加一定的热量，其中的部分热塑性物质开始软化、熔融、流动，并扩散至相邻主体纤维的表面，再经冷却固化后，相邻主体纤维则相互黏结在一起，这就是第二类非织造纤网的加固方法——热黏合法非织造加固技术。该技术广泛应用于医疗卫生材料、包装材料、农用丰收布、保暖材料、隔音隔热材料等产品的加工中。

1.3.3.3 机械法非织造加固技术

机械加固技术是利用外力的作用使纤维相互穿插、抱合和缠绕，在相邻纤维间形成抱合力、挤压力、摩擦力，达到固结纤网的目的，主要包含针刺法、水刺法和缝编法三种非织造加固工艺。

针刺法非织造加固工艺是利用棱边带倒钩的钢针对纤网进行反复穿刺，钢针上的倒钩强行带动纤网中的部分纤维或纤维束做垂直运动，使纤网中纤维互相穿插、抱合和缠绕，从而形成具有一定强力和厚度的针刺法非织造材料。

水刺法非织造加固工艺是利用高压水针射流对托网帘或转鼓上运动的纤网进行连续喷射，在水针射流的直接冲击力和反射水流的作用力下，纤网中的纤维发生位移、穿插、缠结、抱合，从而形成具有一定强力和厚度的水刺法非织造材料。

缝编法是由针织技术里的经编技术演变而来的，采用经编线圈相互串套来固结纤网。但要注意的是，不是所有的缝编法材料都能称为非织造材料，不采用纱线缝编而加固形成的材料才属于非织造材料的范畴。

1.3.4 后整理

后整理旨在改善材料的外观和手感，也可以赋予材料新的功能，如抗菌性、亲水性、防水性等，可以在固网结束之后进行，也可以在固网过程中进行。后整理方法可以分为两大类：物理方法和化学方法。物理方法主要包括起绉、轧光轧纹、收缩、打孔等。化学方法主要包括染色、印花、烧毛及功能整理等。并非所有的非织造材料都需要后整理过程，可以根据产品的最终性能要求进行选择。

1.4 非织造材料的分类

非织造材料可以按照成网方法和固网方法进行分类。

1.4.1 按成网方法分类

根据非织造材料的成网工艺理论和产品的结构特征，非织造材料可以分为：干法成网非织造材料、湿法成网非织造材料和聚合物挤压成网非织造材料。

（1）干法成网非织造材料。干法成网非织造材料是通过梳理成网、气流成网等方法将天然纤维或化学短纤维以“定向或随机排列”的方式形成纤网，再经加固之后所获得的非织造材料。干法成网中的梳理成网起源于传统纺织工艺中的纺纱工艺。

（2）湿法成网非织造材料。湿法成网非织造材料是以水为介质，使短纤维均匀地悬浮在水中，借由水流作用，使纤维在斜网成型器或圆网成型器中沉积而形成纤网，再经加固之后所获得的非织造材料。湿法成网技术起源于造纸技术。

（3）聚合物挤压成网非织造材料。聚合物挤压成网非织造材料是利用聚合物的熔融或溶解特性，将聚合物熔体或溶液经密集、细小的喷丝孔挤出，形成连续长纤维或短纤维，并经牵伸、分丝后直接在多孔网帘上沉积形成纤网，再经加固之后所获得的非织造材料。该技术起源于合成纤维纺丝中的溶液纺丝法和熔体纺丝法，其中的纺丝成网类似于自然界中的“蚕吐丝结茧”和“蜘蛛喷丝织网”。聚合物挤压成网非织造材料中最具有代表性的是纺粘法非织造材料和熔喷法非织造材料。

1.4.2 按固网方法分类

根据非织造材料的固网工艺理论和产品的结构特征，非织造材料可以分为机械加固非织造材料、化学黏合非织造材料和热黏合非织造材料。

（1）机械加固非织造材料。机械加固非织造材料是通过机械方法使纤网中的纤维相互交缠而得到加固，主要有针刺法非织造材料、水刺法非织造材料和缝编法非织造材料。

（2）化学黏合非织造材料。化学黏合非织造材料是将黏合剂乳液或溶液通过喷洒、浸渍或印花的方法沉积于纤网的内部或周围，通过某种化学反应或溶剂挥发，使得纤维的位置相对固定，从而获得一定物理力学性能的非织造材料。

（3）热黏合非织造材料。热黏合非织造材料是将纤网中的部分低熔点纤维或粉末加热熔融、流动、扩散、冷却固化，在相邻主体纤维间形成一定形状和数量的黏结点，从而达到稳固纤网的目的。该类非织造材料主要有热轧黏合非织造材料、热熔黏合非织造材料。

1.5 非织造材料的结构与特点

1.5.1 非织造材料的结构

传统的机织物和针织物是以纱线或连续长纤维/长纤维束等有序排列的纤维集合体为基本结构单元，经过交织或编织形成规则的几何结构，如图 1-3 所示。机织物中，经纱与纬纱相互交织、挤压，形成相对稳定的结构，能较好地抵抗外力作用。针织物中，纱线形成许多圈状结构并相互串套连接在一起，当受到外力作用时，这些纱线圈会产生一定程度的形变，使针织物呈现出良好的延伸性；当外力撤除时，变形的纱线圈会产生部分弹性回复，针织物又恢复为相对稳定的结构状态。

(a) 机织物

(b) 针织物

图 1-3 织物结构

而非织造材料是一种不需要纺纱织布而形成的具有柔软、透气和平面结构的新型纤维集合体，是将纺织短纤维或者长纤维束进行定向或随机排列，形成均匀的纤网结构，然后采用机械固结、热黏合固结或化学黏合固结等方法加固而成（图 1-4）。

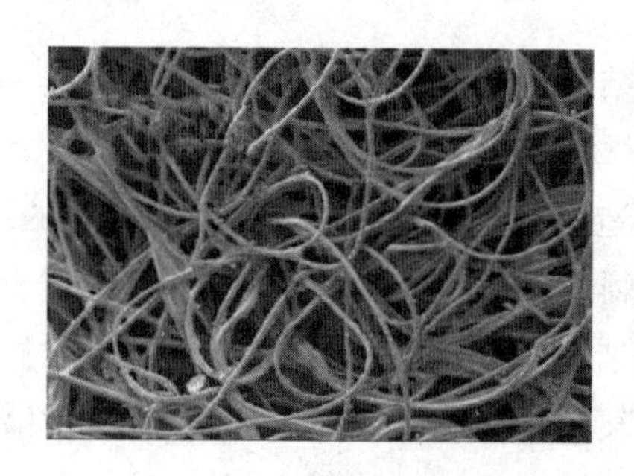

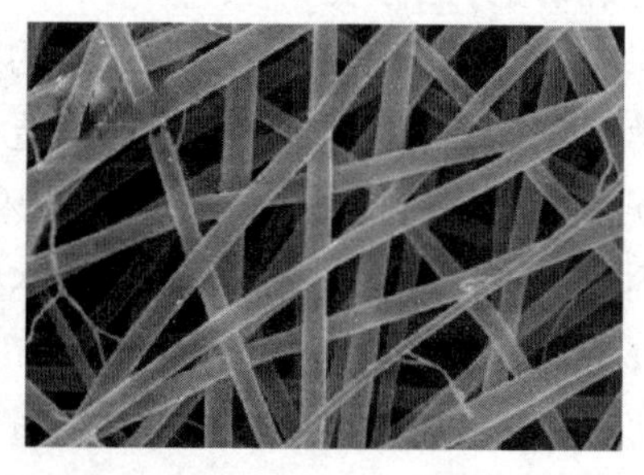

图 1-4 非织造材料的结构

1.5.2　非织造材料的特点

非织造材料是介于传统纺织品、塑料、纸和皮革四大柔性材料之间的一种材料。不同的加工技术决定了非织造材料的外观、结构和性能不同，有的非织造材料外观和手感像传统纺织品，如水刺非织造材料、SMS（纺粘 S/熔喷 M/纺粘 S）复合非织造材料；有的像塑料，如某些静电纺非织造纤维膜；有的像纸，如干法造纸非织造材料、湿法非织造材料；有的像皮革，如水刺开纤超细纤维合成革基布。

1.5.2.1　非织造材料的结构、外观具有多样性

（1）由单根纤维堆砌而成。非织造材料以单根纤维为基本结构单元，与传统纺织品相比，减少了纺纱、织布的环节，生产流程短，工艺简单，自动化程度高。

（2）纤网呈二维或三维几何结构。具体表现为：单根纤维呈二维排列的单层薄网几何结构，或单根纤维呈三维排列的网络几何结构。

（3）多变的纤网固结构架。需要通过机械缠结、热黏合、化学黏合等固网方法，才能使非织造材料的结构稳定和完整。其纤维固结构架包括：纤维与纤维缠绕而形成的纤网固结构架［图 1-5（a）］；纤维与纤维之间在交接点热黏合的纤网固结构架［图 1-5（b）］；由化学黏合剂将纤维交接点予以固定的纤网固结构架［图 1-5（c）］。

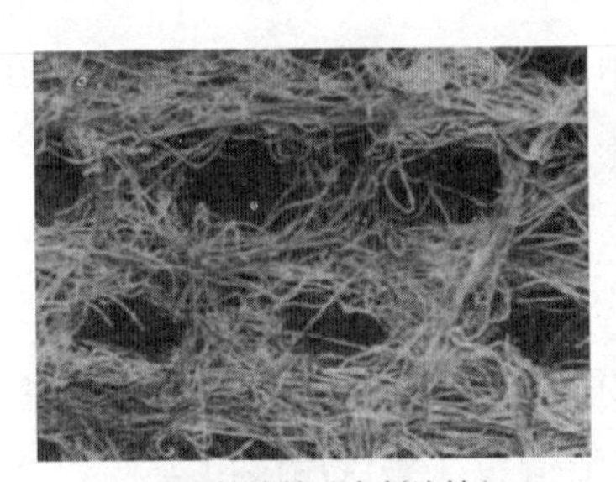
(a) 机械缠结（水刺缠结）

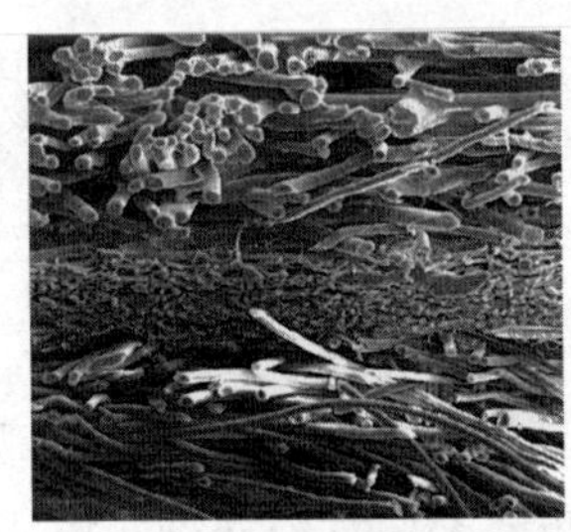
(b) 热黏合

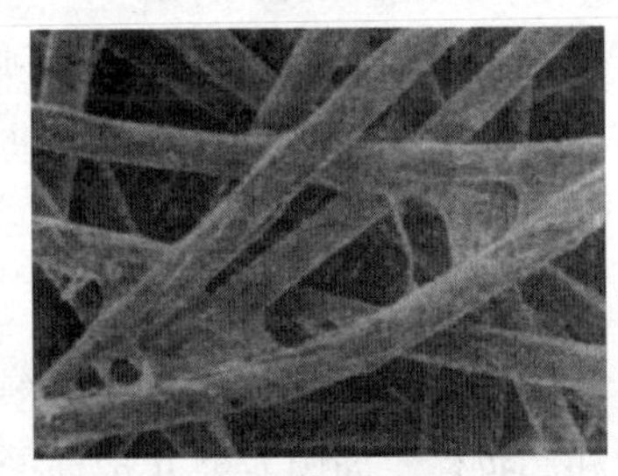
(c) 化学黏合

图 1-5　非织造材料的纤网固结构架

（4）多变的外观。可以根据纤维的特性和产品的性能要求，将非织造成网与固网方法进行随机组合，使其获得满足使用需求的外观，如布状、网状、毡状、纸状等。

1.5.2.2　非织造材料的性能具有多样性

由于非织造材料原料选择的多样性、加工技术的多样性，必然产生非织造材料性能的多样性，甚至呈现出完全对立的性能。轻质水刺面膜的柔性很好，而针刺非织造磨料的硬度很高；针刺土工合成材料的强度很高，而干法造纸非织造吸水纸强度很低；热黏合高强非织造床垫很密实，而热风非织造絮垫很蓬松；纺粘非织造材料的纤维较粗，而熔喷非织造材料的纤维很细。由此可见，非织造材料的性能是由选用的原料、加工工艺及设备、后整理方法等因素综合决定的，可以根据材料的最终用途进行合理地选择和匹配。

1.6 非织造材料的应用

非织造材料的应用领域非常广泛，包括个人卫生领域，医疗保健领域，隔离防护领域，家具及家用领域，农业领域，汽车领域，工业及军事领域，服装、办公及装饰领域，休闲和旅游领域，过滤材料、建筑材料领域，岩土和水利工程领域等。目前，在个人卫生、家具、包装、汽车、工业、土工建筑、过滤等领域，非织造材料已占有较大份额并得到普及应用，在医疗、农业、军工、防护等领域，也已达到了一定的市场渗透率。本小节介绍与医疗保健、隔离防护、个人卫生领域有关的内容。

1.6.1 医疗保健领域

非织造材料制品在医疗保健领域的应用包括具有治疗功能的纱布、绷带、包扎布、医用敷料、人工血管、口腔修复屏障膜、血液及肾透析过滤材料等。

1.6.2 隔离防护领域

非织造材料制品在隔离防护领域的应用主要包括医院用的手术帽、手术衣、口罩、手术罩布、鞋套、消毒包布、床单、防护服等。

1.6.3 个人卫生领域

非织造材料制品在个人卫生领域的应用主要包括婴儿尿布、妇女卫生巾、成人失禁垫、化妆和卸妆棉、面膜、婴儿护理揩布、家用及公共场所用清洁揩布、餐饮用湿巾等。

思考题

1. 非织造材料与机织布、针织布等传统纺织品有什么区别？
2. 请从日常生活中找出5类非织造材料制品，仔细观察，分析其结构特点。

第2章　生物医用非织造材料

生物医用非织造材料（biomedical nonwovens）属于生物医用材料中生物医用纺织品的范畴，在介绍生物医用非织造材料之前，需要了解生物医用材料以及生物医用纺织品的基础知识。

2.1　生物医用材料概述

2.1.1　生物医用非织造材料的定义及基本特征

生物医用材料（biomedical materials）又叫生物材料（biomaterials），是直接或间接与人体接触，用于诊断、治疗、修复或替换人体组织、器官或增进其功能的新型高技术材料，可以是天然产物，也可以是合成材料，或者是两者的结合，还可以是有生命力的活体细胞或天然组织与无生命的材料结合而成的杂化材料。

生物材料最基本的特征是与生物系统直接结合，如直接进入体内的植入材料，人工心、肺、肝、肾等辅助装置中与血液直接接触的材料等。除应满足一定的理化性质要求外，生物材料还必须满足生物学性能要求，即生物相容性要求，这是它区别于其他功能材料的最重要特征。需要指出的是，生物材料是保障人类健康的必需品，但不是药物，其作用不必通过药理学、免疫学或代谢手段实现，为药物所不能替代，却可与之结合，促进其功能的实现。

2.1.2　生物医用非织造材料的起源

尽管“生物医用材料”是现代科学发展后产生的专业术语，且现代科学发展之前人们缺乏相关的理论知识，没有“生物相容性”的概念，更没有医疗器械相关产业以及科学的评价体系和管理制度，但生物材料的历史起源可以追溯到史前文明，其发展有着古老悠久的历史。在人类社会漫长的发展过程中，各类生物材料一直被人们所使用。但据史料记载，早在3000多年前，古埃及人就使用亚麻线进行伤口缝合，公元600年，玛雅人使用贝壳制作牙齿植入体。第二次世界大战时期，军用的高性能金属、陶瓷、高分子材料等开始纷纷转向民用，战争的发生造成各种伤病患者激增，在医疗水平和监督管理等方面都极其匮乏的情况下，在很短的时间内，外科医生们尝试了各种新型材料来置换或修复患者的各种组织和器官，试图为患者提供最佳的治疗方案，外科医生成了生物材料研发及临床转化的主导，生物材料的种类和数量有了井喷式发展。在这一历史时期，外科医生们开发了包括硅酮、聚氨酯、聚四氟乙烯、聚乙烯、尼龙、涤纶、有机玻璃、钛和不锈钢等在内的早期生物材料，主要用作关节假体、牙种植体、人工心脏、血管支架、心脏瓣膜、人工晶状体等，为生物材料学科的建立奠定了坚实的基础。

2.1.3 生物医用非织造材料的发展历程

经过长时间的发展和积累，20 世纪 60 年代开始出现了专门从事生物材料设计的研发机构和从业人员，并逐渐和材料学、医学、工程学汇集成一个新的领域，同时组建了专业学会。1975 年，美国生物材料学会成立。随后，欧洲、加拿大、日本生物材料学会也纷纷成立，标志着生物材料成为独立的学科领域并进入专业化发展阶段。发展至今，生物材料学科不仅建立了涉及毒理学、病理学、生物相容性、伦理学等相关学科，在法律法规、医疗器械产业管理等方面均逐渐完善。

作为新兴的前沿学科，生物材料的发展主要经历了以下四个阶段。第一阶段是 20 世纪 60~70 年代，人们根据生物相容性对传统工业化材料进行研究筛选，开发并发展了第一代生物材料，即惰性生物材料，其特点是生物惰性，即在生物体内能保持稳定，几乎不发生化学反应、不降解，通常只是在植入体表面形成一层包被性纤维膜，与组织间的结合主要是靠组织长入其粗糙不平的表面或孔中，从而形成一种物理嵌合，具有良好的生物安全性，植入体内后几乎没有毒性和免疫排斥反应，目前在临床上仍然被大量使用。其中的代表性材料有骨钉、骨板、人工关节、人工血管、人工晶体和人工肾等。

第二阶段是 20 世纪 80 年代，这一阶段发展起来的第二代生物材料包括生物活性材料和生物可吸收材料。生物活性材料植入体内可以和周围环境发生良性生理作用，如生物活性玻璃、生物玻璃陶瓷等。生物可吸收材料是指在体内具有降解特性的一类材料，随着基体组织的逐渐生长，植入的材料不断被降解，并最终完全被新生组织替代，在植入部位和宿主组织间不再有明显的界面区分。这类材料包括聚乳酸（PLA）、聚羟基乙酸（PGA）等可降解生物医用高分子材料。第一代和第二代生物医用材料在临床的成功对患者有重大意义，很大程度上改善了患者的生活质量，然而任何用于修复和恢复机体的生物医用材料只能作为暂时性的替代品，植入失败后需要重新接受修复手术。在这一时期，组织工程的概念被提出并发展成为生物材料学的重要分支。

第三阶段是 20 世纪 90 年代后期，随着干细胞和再生医学的发展，第三代生物材料开始发展起来，即具有生物应答和细胞/基因激活特性的功能性生物材料，要求具有生物活性的同时又可被降解吸收。其特点是在体内生理环境中能够激发特定的细胞响应，从而介导细胞/干细胞的增殖、迁移、分化、蛋白表达、细胞外基质形成等细胞行为，通过诱导组织再生实现损伤组织的修复和功能重建。第三代生物医用材料以组织工程支架材料、原位组织再生材料、可降解复合细胞和/或生长因子材料等为代表。

第四个阶段是进入 21 世纪后，随着现代生物学和现代材料学的快速发展，生物材料也进入了新的发展阶段。纳米技术、表面改性技术、3D 打印技术、干细胞技术等前沿科学技术与生物材料制造及临床转化密切结合，推进生物材料进入了智能纳米生物材料时代。同时，生物材料学科的研究领域不断扩大，药物递送、肿瘤靶向诊疗、分子影像及诊断等已成为生物医用材料研究的前沿领域。与此同时，随着仿生学的发展，受生物启发的材料仿生制备技术也为新材料的开发提供了新颖的思路。

2.1.4　生物医用非织造材料的分类

生物医用材料种类繁多，到目前为止，被详细研究过的生物医用材料已经超过千种，在医学临床上广泛使用的也有百种，涉及材料学科各个领域，依据不同的分类标准，可以分为不同的类型。按照生物医用材料的成分和性质，可分为医用金属材料、医用高分子材料、医用无机材料、生物衍生材料及将以上材料复合后形成的生物医用复合材料；根据在生物环境中发生的生物化学反应水平，可分为近惰性的材料、生物活性的材料以及可生物降解和吸收的材料；根据临床用途，分为骨、关节、肌腱等骨骼—肌肉系统修复和替换材料，皮肤、乳房、食道、呼吸道、膀胱等软组织材料，人工心瓣膜、人工血管、心血管内插管等心血管材料，血液净化、分离、气体选择性透过膜等医用膜材料，组织黏合剂和缝线材料，药物释放载体材料，临床诊断及生物传感器材料和齿科材料等。本小节主要根据材料的成分和性质对生物医用材料的分类进行介绍。

2.1.4.1　医用金属材料

医用金属材料是一种发展较早的生物医用材料，已有数百年的历史。医用金属材料是一类生物惰性材料，具有高机械强度和抗疲劳性能，是目前临床上应用最广泛的承力植入材料。医用金属材料被半永久或永久性地植入人体内，置换被损坏的、病变的或部分磨损的组织，特别是作为骨、关节和牙齿等硬组织的修复和替换。已应用于临床的医用金属材料主要有医用不锈钢、钴基合金和钛基合金等三大类，此外，还有贵金属以及纯金属钽、铌、锆等。

2.1.4.2　生物医用高分子材料

生物医用高分子材料是生物医学材料中发展早、应用广泛、用量大的材料，也是一个正在迅速发展的领域，生物医用高分子材料发展的动力来自医学领域的客观需求，当人体器官或组织因疾病或外伤受到损坏时，需要器官移植。然而，只有在很少的情况下，人体自身的器官可以满足需要。采用异体移植或异种移植，往往具有排异反应，严重时导致移植失败。在此情况下，人们自然设想利用其他材料修复或替代受损器官或组织。作为植入材料，要求其不仅在生理条件下保持较稳定的力学性能，而且不能对人体的组织、血液、免疫等系统产生不良影响。因此，在选择医用高分子材料时，必须满足一些基本要求，比如与体液接触不发生反应，对人体组织不会引起炎症或异物反应，不会致癌，具有良好的血液相容性，长期植入体内不会损失机械强度，能经受必要的清洁消毒措施而不产生变性，易于加工成需要的复杂形状等。蚕丝蛋白、壳聚糖等天然材料，聚丙烯（PP）、聚对苯二甲酸乙二酯（PET）等合成材料均属于这个类别。

2.1.4.3 生物医用无机材料

医用无机材料主要涉及生物陶瓷、生物活性玻璃、碳材料等，这些材料耐生物老化、强度高、耐磨损性好，且具有优异的生物相容性，在临床上有广泛的应用。

生物陶瓷及制品材料没有毒副作用，与生物体组织有良好的相容性、耐腐蚀等优点，已从短期替换和填充发展成为永久性填充，从生物惰性材料发展到生物活性材料、降解材料及多相复合材料。目前具有较好临床治疗效果的医用生物陶瓷制品有：用于人工关节、人工骨的纯刚玉及复合材料；用于人工听小骨的羟基磷灰石（HA）材料；用于修复良性骨肿瘤或瘤样病变手术刮除后缺损填充材料的β-磷酸三钙（β-TCP）生物降解陶瓷；用于药库型药物载体的生物陶瓷药物载体材料等。

生物活性玻璃，指含有羟基磷灰石或磷酸三钙微晶，或在生理环境下能生成羟基磷灰石表面层的微晶玻璃，是一种成分复杂的多相复合材料，通常含有一种以上结晶相及玻璃相，具有不同程度的表面溶解能力，易被体液浸润，生物相容性好，植入骨内能直接与骨结合，是新一代的人体硬组织修复材料。与羟基磷灰石陶瓷相比，生物活性玻璃具有多元组成，可在较大范围调整其组成、结构和相成分，赋予其生物活性、可切削性、可降解性、自凝固能力及可铸造性能。生物活性玻璃在临床上主要应用于牙冠修复材料、人工脊椎、多孔球形义眼座、表面活性涂层种植牙、药物缓释载体材料等领域。

2.1.4.4 生物医用衍生材料

生物医用衍生材料是经过特殊处理的天然生物组织形成的生物医用材料，也称为生物再生材料。生物组织可取自同种或异种动物体组织。特殊处理包括维持组织原有构型而进行的固定、灭菌和消除抗原性的轻微处理，以及拆散原有构型、重建新物理形态的强烈处理。生物医用衍生材料或具有类似于自然组织的构型和功能，或具有与自然组织类似的组成，在维持人体动态过程的修复和替换中具有重要作用，主要用于人工心脏瓣膜、血管修复体、骨修复体、巩膜修复体、鼻种植体和血液透析膜等。

2.1.4.5 生物医用复合材料

生物医用复合材料是由两种或两种以上不同材料复合而成的生物医用材料，主要用于人体组织的修复、替换和人工器官的制造。临床应用发现，传统医用金属材料和高分子材料生物活性低，与组织不易牢固结合，化学稳定性差，在临床使用中，受生理环境的影响，金属离子或单体会产生释放，对机体造成不良影响。而如生物陶瓷类无机材料，具有良好的化学稳定性和生物活性，但材料的抗弯强度低，脆性大，在生理环境中的抗疲劳与破坏强度较低，只能应用于承受负荷较低的情况。因此，单一材料不能很好地满足临床应用的要求，而生物医用复合材料兼具不同组分材料的性质，且可以得到单组分材料不具备的新性能，实现 $1+1>2$ 的应用效果，为获得结构和性能类似于人体组织的生物医用材料开辟了一条广阔的途径。相较于单一生物医用材料，生物医用复合材料具有比强度高、比模量高、抗疲劳性能好、抗生理腐蚀性好、力学相容性好等特点。

2.2　生物医用纺织品

2.2.1　生物医用纺织品的定义

生物医用纺织品是以纺织材料为基础，采用不同的纺织工艺生产，主要应用于医学临床诊断、治疗、修复、替换，以及人体保健与防护的一类纺织品。生物医用纺织品是纺织科学、医学及材料学等多学科深度交叉的产物（图 2-1），是纺织材料中创新性强、科技含量高的产品之一，也是生物医学材料的重要组成部分。

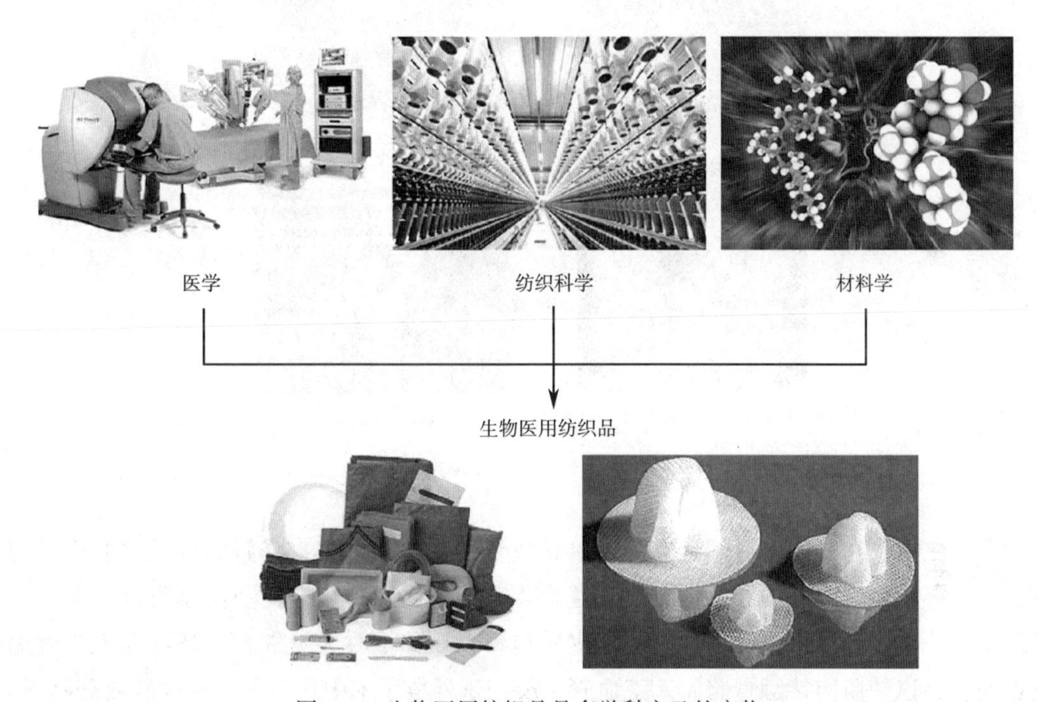

图 2-1　生物医用纺织品是多学科交叉的产物

2.2.2　生物医用纺织品的分类及应用

生物医用纺织品种类繁多，分类方法也较多，主要有按照纤维材料及其制品与人体的关系分类、按照产品用途分类、按照产品使用场所分类和按照制造方法分类。其中，最常用的分类方法是根据纤维材料及其制品与人体的关系分类，可分为保健卫生和防护类生物医用纺织品、体内植入性生物医用纺织品、非植入性生物医用纺织品和人体专用器官类生物医用纺织品。

2.2.2.1　保健卫生和防护类生物医用纺织品

保健卫生和防护类生物医用纺织品是医学保健领域中常用的产品，应用范围广泛，用于病人护理、工作人员的安全防护等。具体产品包括手术衣、手术帽、手术面罩、外科手术罩布、尿布吸收垫等。

2.2.2.2 体内植入性生物医用纺织品

体内植入性生物医用纺织品主要用于修复人体损坏或缺失的组织器官，如缝合线、人工肌腱、人工心脏瓣膜、人工血管、人工韧带等（图2-2）。

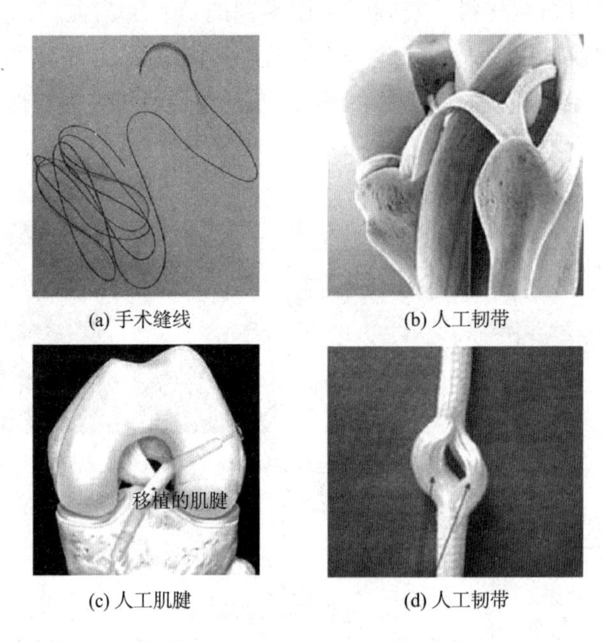

(a) 手术缝线 (b) 人工韧带 (c) 人工肌腱 (d) 人工韧带

图2-2 体内植入性生物医用纺织品

缝合线主要作用是使伤口闭合，可用单丝或复丝制作，可生物降解的缝线主要用于缝合内部伤口，不可生物降解的缝线主要用于缝合外部伤口，伤口愈合后将缝线拆除。人工肌腱是机织或编织的多孔网格或由一种硅酮外皮所包覆，在移植时天然的腱可环绕在人工腱周围并进行缝合，以使肌肉接触骨骼。人工血管主要用于外科手术中代替损坏的动脉或静脉血管。人工心脏瓣膜是一种以金属支持的球形阀门，覆盖一层聚酯纤维织物，用缝合线将其缝在机体的周围。

2.2.2.3 非体内植入性生物医用纺织品

非体内植入性生物医用纺织品主要包括用于体外伤口恢复、畸形矫正等伤口敷料、绷带或支撑材料等（图2-3）。

医疗外科使用的伤口护理材料的作用是防止伤口感染、吸收血液、防止血液渗出及促进伤口恢复，多应用于对伤口的药敷。伤口包扎材料一般是复合材料，一层为吸收层，用于吸收血液等液体，并防护伤口；另一层为伤口接触层，可阻止伤口与包扎布间的粘连。其他用于伤口包扎的材料还有纱布、棉绒及衬垫。轻薄型绷带主要用于扭伤劳损的处理；弹性绷带具有一定的伸长及覆盖性能，对人体扭伤处给予支撑；压缩绷带用于肢体溃烂、静脉曲张等疾病的治疗中（图2-3）。

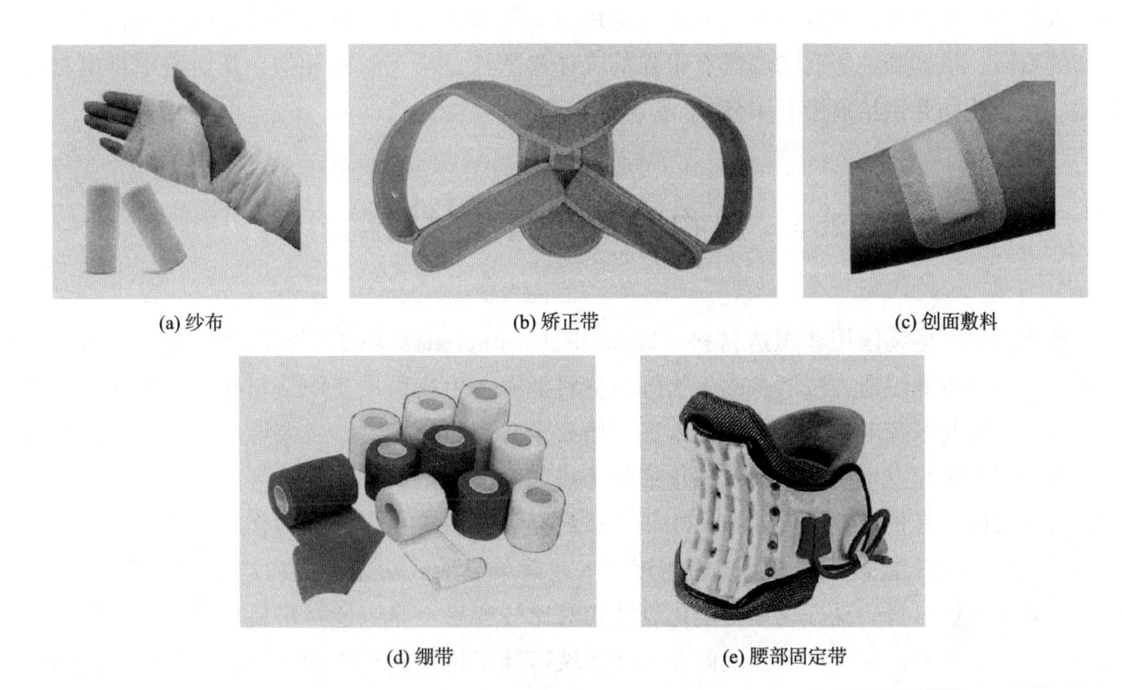

(a) 纱布　(b) 矫正带　(c) 创面敷料

(d) 绷带　(e) 腰部固定带

图2-3　非体内植入性生物医用纺织品

2.2.2.4　人体专用器官类生物医用纺织品

人体专用器官类生物医用纺织品是一种机械净化血液的器官，包括人工肾、人工肝及机器肺等，这些装置的功能及特性主要依靠纤维性质及纺织技术来完成（图2-4）。

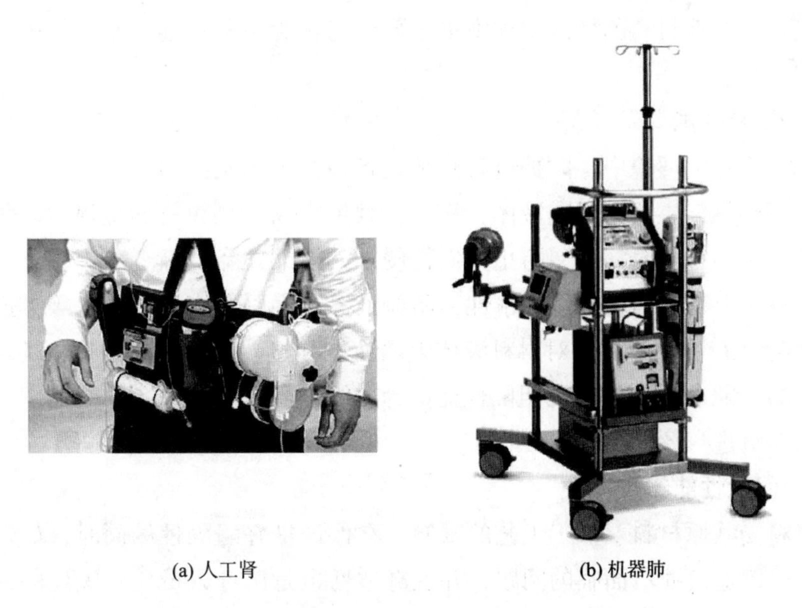

(a) 人工肾　(b) 机器肺

图2-4　人体专用器官类生物医用纺织品

人工肾应用一种薄膜循环处理血液，这种薄膜是扁平片状或一束中空状再生纤维素纤维，可将人体不需要的废料过滤出来。人工肝应用空心纤维或薄膜，分离并处置病人的血浆，供给新鲜血液。机器肺的微孔薄膜具有很强的气体渗透性，与天然肺相似，从血液中排出二氧化碳、二氧化物并供给血液新鲜氧气。

2.3 生物医用非织造材料简介

如前所述，生物医用非织造材料（biomedical nonwovens）属于生物医用材料的范畴，简单来讲，凡是用非织造方法制备的生物医用材料都属于生物医用非织造材料。生物医用非织造材料对于提高医疗卫生水平、保证人民健康安全具有重要意义，主要原因在于：①大多数一次性使用的医疗卫生用品可有效防止细菌传播和交叉感染；②非织造纤网结构松软、透气吸湿效果很好，其抗菌性优于纱布；③非织造材料表面绒毛少，不易与伤口粘连。此外，非织造材料还具有纤维来源广、生产周期短、工艺简单灵活、功能多样和产品成本低等特点。同时，对非织造材料的复合化和功能化设计相对比较容易，非织造材料易与现代医学和药物结合，且使用方便，安全可靠，因此在医疗领域得到了越来越广泛的应用，医疗领域的非织造材料产品已成为国际上深加工企业的主要发展方向。目前世界各国对生物医用非织造材料产品的开发正在提速，欧洲、美国、日本、韩国等都不惜投入巨资进行研发。生物医用非织造材料产品的开发已成为一个国家非织造材料工业发展水平的重要衡量指标之一。

2.3.1 生物医用非织造材料的性能要求

对生物医用非织造材料的性能要求中最主要的指标为阻隔性能、舒适性能、力学性能及抗菌性能。

2.3.1.1 阻隔性能

当人体暴露于危险环境中，防护材料必须具备最基本的阻隔性能。对于医护人员，需要保护其免受病毒感染，主要为阻隔液体、病菌、微生物以及颗粒物的传播，即防止血液和酒精等各种液体的渗透，阻隔病菌，防止微生物侵入人体，并降低患者二次感染与交叉感染的概率。评价指标主要有防酒精性、防水性、防血液穿透性、静水压及沾水等方面。欧洲标准EN 14126—2003+AC—2004 主要对材料液体阻隔性能和过滤效率进行测试，美国标准 ANSI/AAMI PB70—2012 将材料对液体的阻隔性能分为 4 级进行评估，但将 SMS 非织造材料的液体阻隔性能分为 3 级进行评估。

2.3.1.2 舒适性能

非织造材料受其原材料及加工工艺的限制，在保证良好阻隔性的同时，如何保持良好的舒适性一直是非织造产业所面临的问题，并且舒适性也是医务人员比较关注的性能。舒适性的主要评价指标是透气透湿性。患者和医护人员长期穿戴防护服，会由于不能及时排出汗液而感到不适，进而影响身心健康和工作效率。非织造材料由于在过滤杂质的同时可以确保空气流通，透气透湿效果较好，因此在改善透气透湿性方面得到广泛应用。然而，阻隔性和舒适性之间存在一定的矛盾，如采用覆膜材料虽然可以达到较好的防护效果，但其透湿透气性差，会使穿戴者感到闷热烦躁；若覆膜材料的纤维间隙过大，虽可确保透气透湿性良好，但阻隔效果会大打折扣。目前协调阻隔性和舒适性方面，效果较好的是由熔喷非织造材料与纺粘非织造材料复合而成的SMS非织造材料。该非织造材料既有熔喷非织造材料提供的良好阻隔性，又有纺粘非织造材料提供的优异透气透湿性。

2.3.1.3　力学性能

在手术过程中，为避免由于材料的强度不足而导致的材料断裂或破裂、被尖锐物体或硬物刺破以及材料本身及缝合处发生破裂，要确保材料具有一定的断裂、顶破及撕破强力。国家标准GB 19082—2009《医用一次性防护服技术要求》规定，医用防护材料强力应不小于45N、断裂伸长率应不小于30%。目前针对力学性能要求较严格且较权威的国际标准为NFPA 1999：2018系列。

2.3.1.4　抗菌性能

常用的纺织品抗菌性能测试标准有国际标准ISO 20645：2004、ISO 20743：2013和ASTM E2149—2013，美国标准AATCC 90—2011、AATCC 100—2012、AATCC 147—2011和AATCC 174—2017，日本标准JISL 1902：2015，中国标准GB/T 20944—2008。不同国家或机构颁布的标准的测试方法虽然相似，但具体测试细节不尽相同。抗菌性能的测试方法多样，没有放之四海皆准的标准，每种抗菌性能的测试方法都有各自的优势与局限，但基本可分为定性与定量两类。

2.3.2　生物医用非织造材料制品的分类

生物医用非织造材料制品按照用途可分为防护用和功能性制品两类。前者主要包括手术帽、手术衣、手术罩布、手术巾、病床床单、枕头、病服、防护服等；后者主要指医用敷料、缝合线、人工血管、人工内脏、人工皮肤、医用过滤材料、保健用品等。

2.3.2.1　防护用生物医用非织造材料制品

防护用生物医用非织造材料制品应具有防水、透气、柔软、舒适、阻菌等性能，常用的原料有聚丙烯纤维、聚酯纤维、ES纤维、棉、黏胶纤维等。随着社会的发展及医疗防护水平的提高，人们对医疗防护制品的防护性能、材料强度、阻微生物渗透性及舒适性等方面的要求越来越高。

防护用生物医用非织造材料制品种类繁多，本节仅以手术衣（图2-5）为例进行简要介绍。手术衣作为一种常用的医疗防护产品，在手术中起到双向防护的作用，常用的医用手术衣材料主要有聚丙烯SMS非织造材料和木浆水刺复合非织造材料等，但需要对材料进行适当后整理以满足医疗需求。东华大学近年来在“三拒一抗”（拒酒精、拒血液、拒油脂和抗静电）非织造手术衣材料的后整理方面开展了一系列的研究并取得诸多成果。通过以碳氟化合物作为工作气体对制作手术衣的非织造材料进行低温等离子体处理，使其拥有更好的拒水、拒血液效果，并且对金黄色葡萄球菌具有明显的抑制作用。国外研究人员还开发出一种应用于卫生防护的抗病毒非织造手术衣。手术衣分为三层，外层是聚丙烯非织造材料，中间层为聚四氟乙烯薄膜，内层为聚酯非织造材料。其中，外层分布有平均粒径为 9nm 的 TiO_2 纳米颗粒，三层材料通过黏合剂进行熔融黏合，该手术衣具有良好的防水透气功能以及优异的防病毒性能。

图 2-5　一次性非织造手术衣

2.3.2.2　功能性生物医用非织造材料制品

功能性生物医用非织造材料制品种类繁多，包括医用敷料、湿巾、人工器官、医用过滤材料等，本节只代表性地介绍几种，后续章节中将进行详细介绍。

（1）医用敷料。医用敷料直接接触皮肤，主要起到覆盖伤口、防止伤口感染、促进伤口愈合的作用，该类非织造材料制品通常具有无菌、无毒性，不粘连，良好的血液或体液吸收性，无致敏、致癌、致畸性，可药物处理性，舒适性以及良好的防感染、促愈合等性能。医用敷料可分为传统敷料和新型敷料两大类。传统敷料是指纱布、绷带、棉垫等；新型敷料主要有薄膜类、凝胶类、泡沫类、复合类等医用敷料。

①传统敷料。

a. 纱布。随着非织造工艺技术的发展，出现了非织造纱布。目前纱布有三类：传统织造纱布、非织造纱布和复合功能性纱布（用于止血、手术显影等）。非织造纱布是在传统纱布性能的基础上，充分利用和发挥非织造材料的技术优势，由天然纤维或化学纤维制造而成，其相比于传统纱布，具有无纱头、切边整齐、可机械包装等优点。

为满足更多医用要求，复合功能性纱布应运而生。比如，海藻酸盐纱布、壳聚糖纱布具有止血、手术显影等功能；利用高岭土竹纤维制备的止血纱布，具有止血效果好、生物安全性高等优点，可以满足新型战场止血的需要；用改性壳聚糖与氧化再生纤维素制备的一种新型的具有优异水溶性的抗菌止血复合纱布除了具有抗菌止血功能外，还可以成为防止术后粘连的一种绝佳材料。

b. 绷带。可以用来固定和保护受伤或手术部位，保护伤口不受感染，其加工方式主要有针织、机织以及非织造等。近年来，新型绷带发展尤为迅速，出现了自黏合绷带、吸菌绷带、可瞬间止血型绷带、可传导生物电的医用绷带以及可通过变色显示伤口感染情况的绷带等新型产品，极大地促进了绷带在抗菌医疗中的应用。比如，海藻酸盐和壳聚糖具有良好的生物相容、可降解、无毒、抗菌止血等性能，是良好的生物质医用材料，在新型绷带中被广泛应用。可通过冷冻干燥法制备出 ZnO 纳米颗粒/海藻酸盐水凝胶新型复合绷带，该种绷带为多孔结构，且具有降解性可控、抗菌性、快速止血性以及生物相容性等优异性能（图 2-6）。

图 2-6　常规弹性绷带

随着信息与通信技术的发展，将传感器应用于绷带上制备新型智能绷带也是近年来的研究热点之一。目前已研发出一种低成本喷墨打印智能绷带，将传感器打印于常规标准绷带上，并附有可回收电极作为供电系统，该绷带可以实时监测伤口的出血状况、pH 以及外部压力变化，并且可以将监测到的数据无线发送给附近的医务人员，为伤者的安全提供了保障。还有一种带有氧气传感器的柔韧智能绷带，可在慢性创伤的治疗过程中实时监测氧气的浓度，从而可以降低慢性伤口治疗过程中因缺氧而带来的组织缺损等危害。

②新型敷料。新型敷料中比较有应用前景的是壳聚糖类和海藻酸类医用敷料（图 2-7）。壳聚糖类医用非织造敷料可采用水刺法批量制备。水刺法制得的医用敷料既具有壳聚糖的优异性能，又具有柔软舒适、吸湿透气、与创面结合性好的特点。近几年来科研工作者还利用

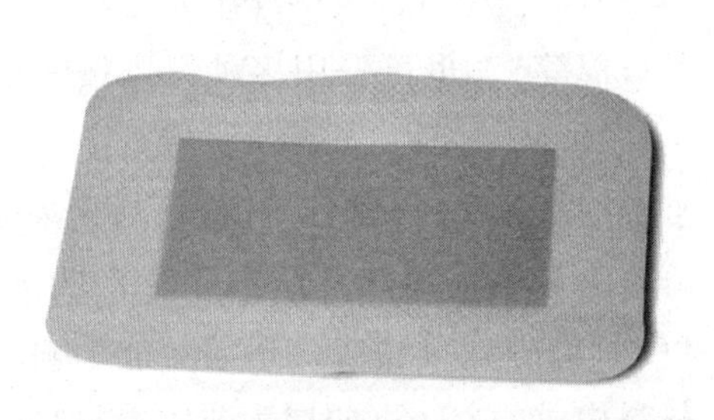

(a) 壳聚糖敷料

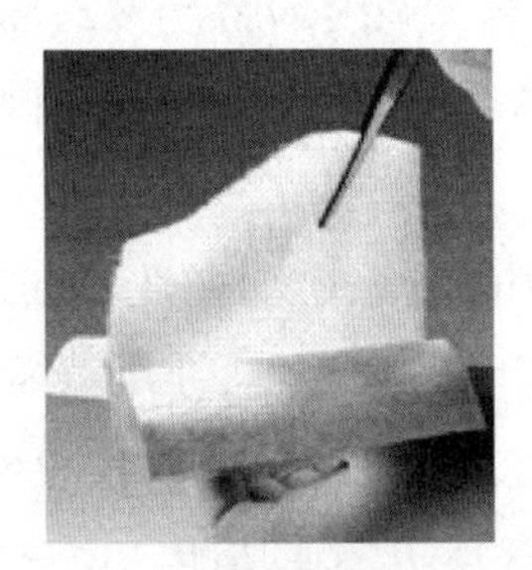

(b) 海藻酸敷料

图 2-7　两种新型敷料

静电纺丝技术将壳聚糖与其他物质相结合来制备综合性能优异的医用敷料。比如，将壳聚糖、明胶和形状记忆聚氨酯混合后通过静电纺丝技术制备出一种具有形状记忆效应以及良好水蒸气透过率、优异表面润湿性能以及抗菌止血性能的新型敷料。

海藻酸纤维由于具有高吸湿成胶性、整体易去除性、高透氧性以及良好的生物相容性和生物可降解性等优点被广泛应用于医用敷料的生产。但海藻酸纤维价格昂贵，通常不作为单独的原料来生产医用敷料。目前，可通过针刺或水刺方法将海藻酸纤网与其他低成本纤维制得的纤网复合，制备功能性海藻酸复合医用敷料，既降低了生产成本，又充分发挥了海藻酸的优异性能。

（2）湿巾。湿巾由于具有卫生、清洁、抗菌、安全、方便、舒适等性能而被广泛应用于医疗领域，且多为一次性使用产品。湿巾常用的纤维原料有聚酯纤维、聚丙烯纤维、黏胶纤维、复合纤维、Lyocell 纤维、棉纤维等。近二十几年来湿巾市场发展迅速，湿巾的基材主要有水刺非织造布、热轧非织造布、干法纸等，目前水刺布的市场接受度较高。抗菌型、分散型、绿色环保可降解是湿巾产品的发展方向。将纤维素纤维和甲壳素纤维按一定比例共混所制成的非织造布，不仅有效解决了湿巾的抗菌问题，而且减少了传统湿巾不易降解而产生的环境污染问题。此外，将几种可降解纤维（聚乳酸纤维、亚麻纤维、Lyocell 纤维）不添加黏合剂和湿强剂制备成非织造材料，并辅以含中草药成分的润湿液，具有方便实用、分散性好、可生物降解、可缓解肛门疾病等优点。

（3）医用非织造过滤材料。在临床治疗中，向病人或伤员输血是经常使用的治疗手段之一。在输血时，供者血液中的白细胞会与受者发生同种异体免疫反应，产生白细胞抗体，发生多种输血反应，因此需要在输血过程中去除血液中的白细胞。另外，在某些疾病的治疗中，需要血液中的某种单独成分。因此，需要用血液过滤材料将血液成分进行分离，以满足临床治疗的需求。第一、第二代血液过滤材料主要为纤维及中空纤维，随着非织造工艺技术的发展，到 20 世纪 90 年代非织造材料广泛应用于血液过滤材料中。血液过滤用非织造布一般应满足以下基本条件：①具有多孔性，有拦截微粒的能力；②具有一定的化学稳定性、耐腐蚀性和耐热性；③具有足够的机械强度和尺寸稳定性；④具有较高的过滤效率和较好的过滤效果；⑤具有耐微生物侵蚀的能力；⑥对血液没有污染。目前国内外血液过滤材料有合成纤维（如聚酯、聚酰胺、聚丙烯腈、聚乙烯、聚丙烯纤维等）、天然纤维（如羊毛、棉花等）和无机纤维（如金属、金属合金、玻璃纤维和石棉等）。也可采用多种纤维按一定比例混合来制备血液过滤材料。

（4）保健用品。采用功能性纤维或加入各种药物的非织造材料可制成保健用品，具有保健和预防功能。以棉/聚丙烯纤维（80/20）为原料，用热轧法加工生产的面密度为 $40g/m^2$ 的非织造布，经过有机酸化合物及表面活性剂处理后可制成防感冒功能手帕。美国一种名为 Avert 的手帕具有预防感冒功能，由三层材料构成，上、下两层为非织造材料，中层为柠檬酸和苹果酸化合物及十二烷基磺酸钠。以远红外陶瓷纤维、微元化纤维（如天年素）等为原料，结合新型整理剂，采用非织造生产工艺开发的远红外保健服等非织造新产品大多能改善微循环，促进新陈代谢，消除疲劳，强身健体。将长效角鲨烯或角鲨烷与高弹性棉纤维混合，经湿法成网工艺制成的非织造材料具有保湿、供氧及活化细胞等功能。

2.3.3 生物医用非织造材料制品的相关问题、研究思路与未来展望

2.3.3.1 相关问题

（1）防护性问题。大部分生物医用非织造材料制品需要具备防护性能，使用前必须仔细检查该性能指标。手术室里采用非织造产品的目的是防止手术过程中病人受到环境、医护人员和手术器械的感染。实际上，很多非织造材料在防护性方面并不能达到使用要求。随着艾滋病和肝炎等传染病的逐渐升级，对医护人员免受病人血液和体液传染的风险防护显得尤为重要。因此，如何更好地提高非织造材料的防护性是亟待解决的问题之一。

（2）环境和废物处理问题。生物医用非织造材料制品对环境有一定影响，每年美国医院和康复中心丢弃的固体垃圾达320万吨，其中有大约0.5吨被污染的废物（称为“红色”废物）被列入政府管制范围。对密歇根州所有医院进行研究的一份报告指出，一次性医用制品至少占外科手术室废物的50%。有公司对这些医疗废物进行调查发现，被称为“红色”废物中的50%实际上并未受到沾污，它们被错误地处理为医疗废物，如果这种错误处理方法普遍存在，则处理医用非织造材料废物的费用将大大提高。因此，如何正确有效地处理医用非织造材料废物也是当前的一个问题。

（3）一次性用品和耐用品的竞争问题。为解决环境及费用问题，目前一种很明显的趋势是重新使用耐用品，而减少一次性用品的使用。最近设计的亚麻织物可改善手术服的防护性，这对耐用手术服生产商是个佳音，他们正在为夺回失去的市场而努力。此外，有关洗涤后织物的防水性一直是一次性和耐用性物品供应商之间争论的焦点。现已出台新的更严格的条例，要求生产商证明在每一次洗涤后耐用品的安全性和有效性。因为条例认为在反复多次洗涤后要保持高防护性是十分困难的。

（4）医用非织造材料的设计问题。医用非织造材料必须具备的功能有防护性、一定的强度、消毒稳定性、服用舒适性、抗起球性等。因此，在设计材料时应重点考虑以下性能。

①防护性。防护性分为部分防止或全部防止微粒、细菌、液体和病毒的侵害。调研发现，现在使用的外科手术服的防护性能远达不到要求。

②强度。医用产品的最终用途决定了非织造材料必须具备的强度大小。

③消毒稳定性。当设计生产需要消毒的非织造制品时，必须了解消毒步骤对非织造材料性能造成的影响，以设计出能耐受消毒处理的材料。

④舒适性和防护性。通常认为舒适性与防护性是一对矛盾，非织造材料制品设计者必须采用折中办法解决这一矛盾。比如，防护服既要具有良好的透气性、手感以保证穿着者的舒适性，更要具有优良的防护功能。如何平衡二者是设计者需要考虑并解决的问题。另外，以消毒包布为例，消毒包布既要有防护性，在贮藏和运输过程中阻隔灰尘和微生物渗透进入消毒包内，又必须有足够的微孔让消毒剂能渗透到消毒包内，彻底对包内的外科用具进行消毒，

且在消毒结束时消毒剂必须从袋内全部消除，不允许湿气或化学物质残留在袋内。由医用非织造材料制品造成的任何手术事故，都将影响其在医疗领域的应用。

⑤抗起球性。能防止肉眼看得见的绒毛球在消毒包开封或使用过程中进入空气的产品的研究引起人们极大的关注。全棉毛巾和纱布行业一直在讨论临界微粒尺寸问题，至今未下定义，通常认为由连续长丝制成的非织造材料绒毛球脱落量最少。目前用于测量绒毛球脱落量的试验方法还都不成熟。

2.3.3.2 研究思路

目前，国外对于非织造材料在医疗中的研究和应用思路主要集中在以下三个方向：①将现有的医用非织造材料通过各种后整理的方法，以提高原本非织造产品的性能，使其具备抗菌性、超疏水、拒酒精等性能，提高非织造产品的附加价值；②利用静电纺这种独特的非织造工艺，将产品直接植入生物体，如蚕丝用于真皮层重建，对骨组织相关的组织修复；或者将纳米纤维作为药物的载体，进行缓释，实现对人体的长时间保护；③利用化学改性的办法对非织造材料表面进行改性，获得一定的性能，或者利用水缠结法、水刺等加工工艺作为非织造材料药物装载的手段，比如利用蚕丝非织造絮片对活性细胞进行装载保护。

2.3.3.3 未来展望

未来的挑战将超出目前市场对技术的要求。由于越来越多的医疗用品制造者参与竞争，成本的制约属首位，这将迫使纺织品和最终产品生产厂在原材料选择和生产工艺的设计等方面有所决策。非织造材料供应商和最终产品生产者同样必须注意市场的变化。人口老龄化问题，像肺结核和霍乱等旧病的死灰复燃，无创伤手术的推广等都将改变产品的需求形式。随着研究的深入，医护人员由于接触传染病人而感染的实际危险将能有效地得到控制，这将影响到病人和医护人员所需防护产品的类型，同时将直接指导未来的非织造材料及其产品的研究和开发。

防护性医用非织造材料的发展方向是采用复合材料，重点是提高材料的细菌屏蔽性，而又不降低其舒适性和透气性等，找到两者的最佳结合点。功能性医用非织造材料的开发与应用方兴未艾，随着新原料、新工艺、新设备的不断问世，特别是随着各种功能性纤维材料的开发应用以及与生物医学相结合，可以预见不久将会有更多的高科技含量的功能性医用非织造材料制品不断被研究开发出来，并应用到医疗实践中去。

随着非织造技术的不断发展，非织造材料在医疗卫生行业的应用越来越广泛，具有巨大的发展潜力和拓展空间。在医疗领域上，非织造原材料大多数还是以聚丙烯纤维、聚乳酸纤维为主。由于环境问题的日趋严重，生物可降解纤维如生物基纤维、再生纤维素纤维逐渐进入人们的视线中，对其研究应用也越来越多。目前医用非织造材料加工工艺已经相对完善，主要集中在双 S 纺粘系统、熔喷系统、SMS 复合技术上。而纺粘与水刺复合技术由于加固过程中无化学试剂的使用，为医疗用品提供了更加健康环保的生产方式。

近年来，可降解、复合化、功能化、智能化已经成为国际上医用产品的发展方向。随着非织造技术与生物医学的结合，在未来一定能开发出科技含量更高的医用非织造材料，并在医疗实践中得到广泛应用。

思考题

1. 生物医用材料的定义是什么？其最基本的特征是什么？
2. 生物医用纺织品的定义是什么？主要有哪些类型？
3. 请比较各类纤维素及其衍生物纤维的结构和性能。
4. 与高吸水树脂相比，高吸水纤维在生物医用材料中使用的优势有哪些？

第3章　生物材料应用中的基本医学知识

生物材料在应用于人体的过程中会发生一系列变化，这些变化与细胞、组织、免疫反应等密切相关。为方便非医学专业的学生或研究人员更深入地理解生物医用非织造材料的使用原理、设计要求，促进生物医用非织造材料在研发过程中的创新，本章将对生命体的基本单元——细胞、组织、免疫反应等相关的医学知识进行简要介绍。

3.1　细胞

3.1.1　细胞的结构组成

人体是由有机质和无机质构成细胞，由细胞与细胞间质组成组织，由组织构成器官，功能相似的器官组成系统，八大系统组成人体。细胞是人体结构和生理功能的基本单位，也是人体生长、发育的基础。人体内细胞有40万~60万亿个，从事高精确分工的专业工作，其生理功能不同，所处的环境也不同，因此，不同器官、组织所构成细胞的大小、形态和功能多样，差异较大（图3-1）。细胞的平均直径分布在5~200μm，较大的细胞如成熟的卵细胞，单个直径可达100μm，淋巴细胞直径较小，单个细胞直径约5μm。细胞与其生理功能相适应，形成不同的形态，如球形、扁平形、立方形、柱形、锥体形和不规则形等。例如，红细胞具有双面凹的圆盘形状，可以携带更多的氧气和二氧化碳；肌细胞具有长圆柱形或梭形，可以收缩和舒张；具有传导功能的神经呈多突起形态。细胞虽形态多样、大小各异，但具有相似的化学组成和基本结构。

细胞主要由细胞膜、细胞质、细胞核组成（图3-2）。基本化学成分为无机化合物和有机化合物，合成化学成分的化学元素有几十种，其中碳、氢、氧、氮为基本化学元素，其次为铁、钾、镁、磷、钠等元素，还有铜、碘、锌等一些微量元素。

3.1.1.1　细胞膜

细胞膜是包围在细胞最外面的一层薄膜，又称质膜（图3-3）。细胞膜将细胞与外界环境分隔开，使细胞具有相对独立和稳定的内环境，同时细胞膜外侧与外界环境相接触，在细胞与环境之间承担着物质运输、能量转换及信号转导等生理功能。细胞膜主要由脂质（主要为磷脂）、蛋白质和糖类等物质组成，其中以蛋白质和脂质为主。

（1）膜脂。膜脂质主要由磷脂、胆固醇和少量糖脂构成。在大多数细胞的膜脂质中，磷脂占总量的70%以上，胆固醇不超过30%，糖脂不超过10%。

（2）膜蛋白。膜蛋白质主要以内在蛋白和外在蛋白两种形式同膜脂质相结合。内在蛋白以疏水的部分直接与磷脂的疏水部分共价结合，两端带有极性，贯穿膜的内外；外在蛋白以

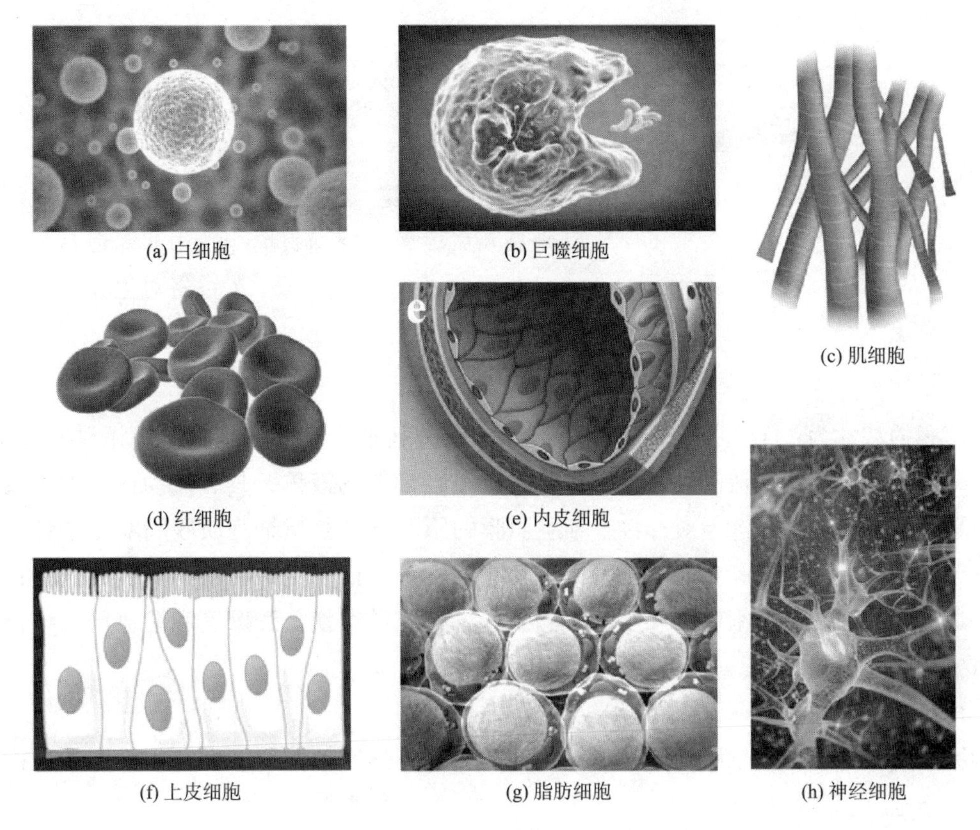

(a) 白细胞　(b) 巨噬细胞　(c) 肌细胞　(d) 红细胞　(e) 内皮细胞　(f) 上皮细胞　(g) 脂肪细胞　(h) 神经细胞

图 3-1　具有不同形态的人体细胞

非共价键结合在固有蛋白的外端上，或结合在磷脂分子的亲水端上。

（3）膜糖。细胞膜糖类主要是一些寡糖链和多糖链，它们都以共价键的形式和膜脂质或蛋白质结合，形成糖脂和糖蛋白；这些糖链绝大多数是裸露在膜的外面（非细胞质）一侧。

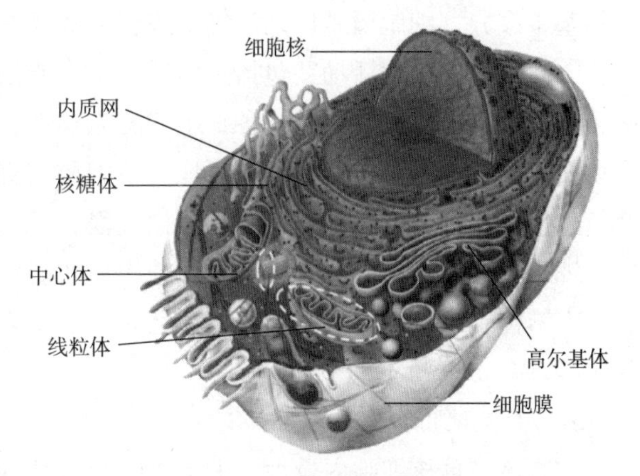

图 3-2　人体细胞基本结构

细胞膜的功能为：①分隔、形成细胞和细胞器：为细胞的生命活动提供相对稳定的内部环境，膜的面积大大增加，提高了发生在膜上的生物功能；②屏障作用：膜两侧的水溶性物质不能自由通过；③选择性物质运输，伴随能量的传递；④生物功能：激素作用、酶促反应、细胞识别、电子传递等；⑤识别和传递信息功能（主要依靠糖蛋白）；⑥物质转运功能：细胞与周围环境之间的物质交换，是通过细胞膜的转运功能实现的。

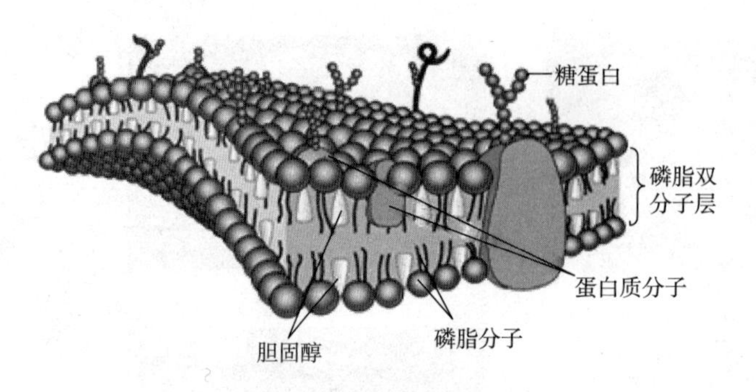

图 3-3　人体细胞膜结构

细胞膜的特性为：①选择性：细胞膜把细胞包裹起来，使细胞能够保持相对的稳定性，维持正常的生命活动；②流动性：磷脂双分子层是轻油般的液体，具有流动性，大多数蛋白质分子也是可以运动的；③不对称性：细胞质膜的不对称性是指细胞质膜脂双层中各种成分不是均匀分布的，导致了膜功能的不对称性和方向性，保证了生命活动的高度有序性；④通透性：通透性的存在，对细胞内外水的移动、各种物质的交换、酸碱度和渗透压的维持，均有着重要的生理意义。

3.1.1.2　细胞质

细胞质又称胞浆，是细胞膜和细胞核之间的一切半透明、胶状、颗粒状物质的总称，包括基质、细胞器和其他包含物。

细胞质基质又称胞质溶胶，是细胞质中均质而半透明的胶体部分，是细胞质中无特定形态结构的物质，充填于其他有形结构之间，含有多种可溶性酶、糖、无机盐和水等，为细胞质的基本成分。细胞质基质是活细胞进行新陈代谢的主要场所，其在细胞生命活动中的作用为：①参与各种生化活动，包括蛋白质合成、脂肪酸合成、糖的酵解、糖原代谢和核苷酸代谢；②提供离子环境，以维持各细胞器的完整性；③为细胞器行使生理功能提供原料；④提供物质运输的通路，包括细胞与环境、细胞质与细胞核、细胞器之间的物质运输、能量交换及信息传递等；⑤影响部分细胞的分化过程。

细胞器是细胞质中具有一定形态结构和功能的微结构或微器官，各种微器官组成了细胞的基本结构，维持细胞的正常工作和运转。主要有内质网、核糖体、中心体、线粒体和高尔基体等。

3.1.1.3　细胞核

细胞核是真核细胞内最大、最重要的细胞结构，是封闭式膜状胞器，是人体整个遗传与代谢的调控中心，是细胞内遗传信息的储存、复制和转录的主要场所。细胞内细胞核大多呈球形或椭圆形，通常只有一个，也有两个或多个的。细胞核借助双层核膜与细胞质分割，主要由核被膜、染色质、核骨架、核仁及核体组成（图 3-4）。

细胞核的功能是控制细胞的遗传、生长和发育，具体生理功能如下。

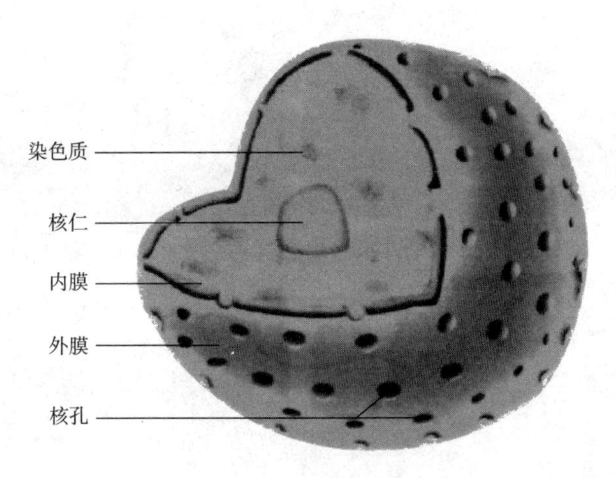

图 3-4　人体细胞细胞核结构

（1）遗传物质储存和复制的场所。从细胞核的结构可以看出，细胞核中最重要的结构是染色质，染色质的组成成分是蛋白质分子和 DNA 分子，而 DNA 分子又是主要遗传物质。当遗传物质向后代传递时，必须在核中进行复制。

（2）细胞遗传性和细胞代谢活动的控制中心。遗传物质能经复制后传给子代，同时遗传物质还必须将其控制的生物性状特征表现出来，这些遗传物质绝大部分都存在于细胞核中。

3.1.2　细胞的生命历程

细胞是构成机体的基础，细胞也有自己的生命历程，基本上除少数细胞外，所有的细胞都会经历四个生命历程：细胞增殖、细胞分化、细胞衰老和细胞凋亡。

3.1.2.1　细胞增殖

细胞增殖指细胞通过生长和分裂使细胞数目增加，是细胞生命活动的重要体现，也是生物体生长、发育、繁殖和遗传的基础，是生物体的重要生命特征。分裂前的细胞为母细胞，分裂后形成的新细胞为子细胞。通过细胞分裂，子细胞可以获得与母细胞相同的遗传特性。细胞分裂过程包括细胞核分裂和细胞质分裂两步。真核细胞分裂类型包括有丝分裂、减数分裂和无丝分裂。

有丝分裂是真核生物细胞分裂的主要方式，是真核细胞分裂产生体细胞的分裂过程（图 3-5）。有丝分裂具有周期性，即连续分裂的细胞，从一次分裂完成时开始，到下一次分裂完成时为止，为一个细胞周期。细胞周期包括分裂间期和分裂期两个阶段。细胞通过有丝分裂将亲代细胞的染色体经过复制后，精确且平均分配到两个子代细胞中，维持个体的正常生长和发育，保证遗传性状的连续性和稳定性。

无丝分裂又叫核粒纽丝分裂，指处于间期的细胞核不经过任何有丝分裂时期，而分裂为大小大致相等的两部分的细胞分裂方式（图 3-6）。与有丝分裂不同的是，无丝分裂不能保证

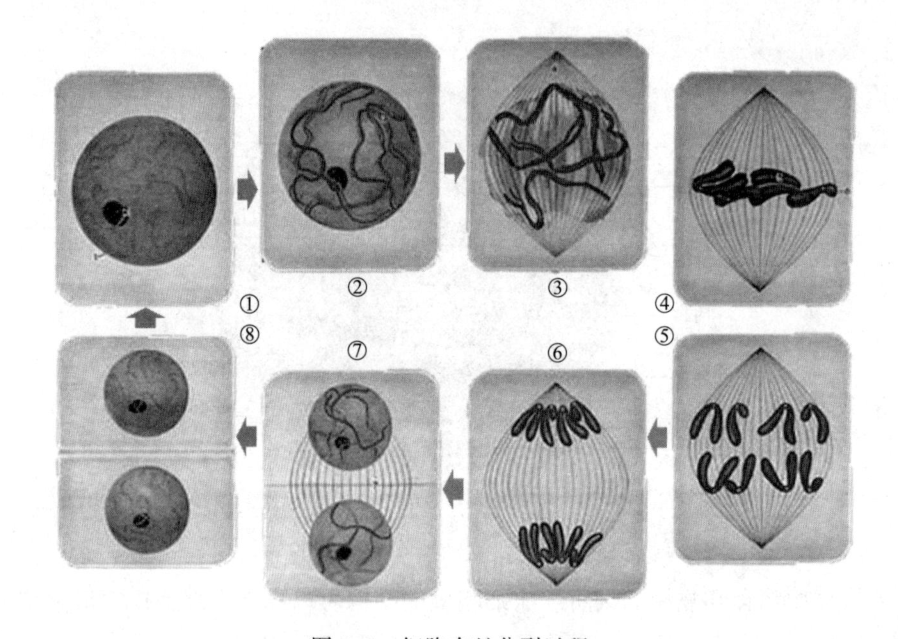

图 3-5 细胞有丝分裂过程

①—间期 ②—前期 ③—前中期 ④—中期 ⑤—后期 ⑥—早末期 ⑦—晚末期 ⑧—末期

母细胞的遗传物质平均地分配到两个子细胞中去。人体细胞无丝分裂主要发生在大多数腺体中高度分化的细胞，如肝细胞、肾小管上皮细胞、肾上腺皮质细胞等。

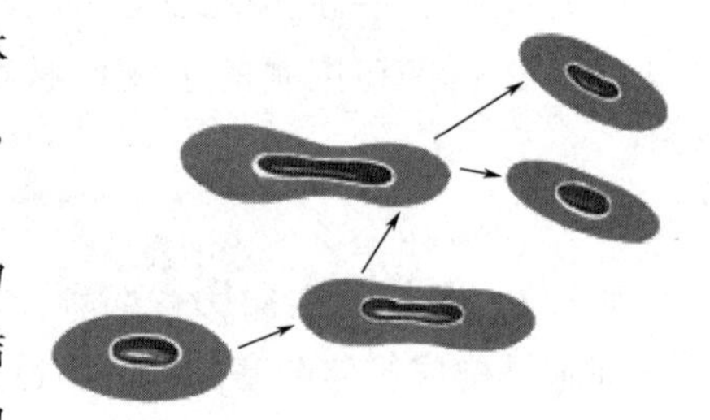

图 3-6 细胞无丝分裂过程

除有丝分裂和无丝分裂外，性生殖细胞分裂方式为减数分裂（图 3-7）。有性生殖要通过两性生殖细胞的结合，形成合子，再由合子发育成新个体，因此生殖细胞通过减数分裂获得染色体数目只有母细胞染色体数目一半的子细胞。

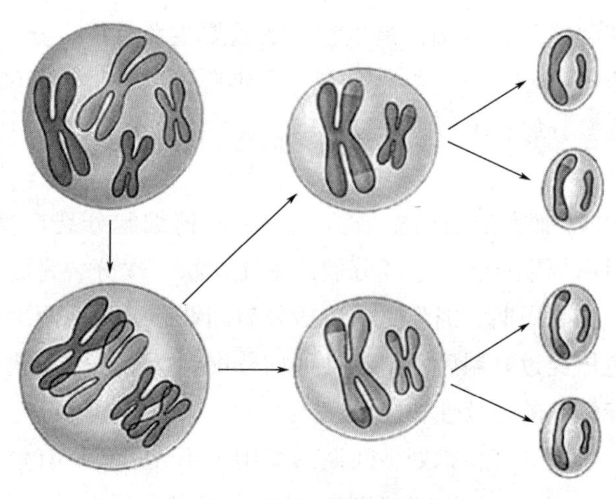

图 3-7 细胞减数分裂过程

3.1.2.2　细胞分化

细胞分化是指同一来源的细胞逐渐产生出形态结构、功能特征各不相同的细胞类群的过程，细胞分化的结果是：在空间上细胞产生差异，在时间上同一细胞与其从前的状态有所不同（图3-8）。细胞分化的本质是基因组在时间和空间上的选择性表达，通过不同基因表达的开启或关闭，最终产生标志性蛋白质。

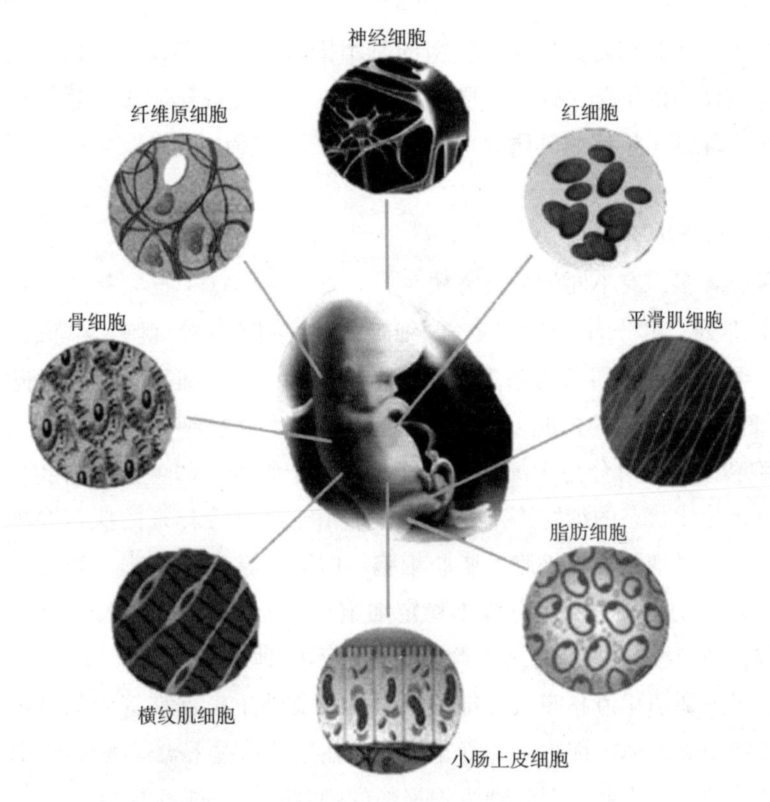

图3-8　人体细胞分化

细胞分化具有不可逆性、时空性、与细胞的分裂状态和速度相适应性、稳定性、可塑性和持久性等特点。细胞分化形成具有特定形态、结构和功能的组织和器官，使多细胞生物体中的细胞趋向专门化，有利于提高各种生理功能的效率，是生物个体发育的基础。

3.1.2.3　细胞衰老

细胞衰老是指细胞在执行生命活动过程中，随着时间的推移，细胞增殖与分化能力和生理功能逐渐发生衰退的变化过程。细胞衰老在形态学上表现为细胞结构的退行性变，细胞衰老在生理学上表现为功能衰退与代谢低下。衰老死亡的细胞被机体的免疫系统清除，同时新生的细胞也不断从相应的组织器官生成，以弥补衰老死亡的细胞。细胞衰老死亡与新生细胞生长的动态平衡是维持机体正常生命活动的基础。

3.1.2.4 细胞凋亡

细胞凋亡是指为维持内环境稳定，细胞受到特定的细胞内信号或细胞外信号的诱导刺激，激活下游的死亡途径，在基因的调控下进行的一系列的细胞自主的有序的死亡过程。

根据细胞凋亡过程中的细胞形态学特征变化，将细胞凋亡分为凋亡起始、凋亡小体形成和吞噬清除三个阶段。

细胞凋亡是维持体内细胞数量动态平衡的基本措施。在胚胎发育阶段，通过细胞凋亡清除多余的和已完成使命的细胞，保证了胚胎的正常发育；在成年阶段，通过细胞凋亡清除衰老和病变的细胞，保证了机体的健康。

3.1.3 细胞的分类

人体细胞种类繁多，有不同的分类方法。

（1）按照脏器分，可分为心肌细胞、肝细胞、肾脏细胞、脑细胞、小肠上皮细胞等。

（2）按照细胞形态分，可分为扁平细胞、星形细胞、柱状细胞、圆形细胞等。

（3）按照细胞内细胞器的构成分，可分为有核细胞和无核细胞。

（4）按细胞功用分，可分为干细胞和工作细胞。干细胞，即可进行自我更新、具有多向分化潜能并保持未分化状态的细胞；工作细胞，即由干细胞分化来的执行各项生理任务的细胞，包括神经细胞、肌细胞、红细胞、脂肪细胞、白细胞等。

（5）按再生能力的强弱分，可分为不稳定细胞、稳定细胞、永久性细胞和可耗尽组织细胞。不稳定细胞，即持续分裂细胞，这类细胞总在不断地增殖，以代替衰亡或破坏的细胞，如表皮细胞、呼吸道和消化道黏膜被覆细胞、男性及女性生殖器官管腔的被覆细胞、淋巴及造血细胞、间皮细胞等；稳定细胞，即静止细胞，在生理情况下，这类细胞增殖现象不明显，在细胞增殖周期中处于静止期，但受到组织损伤的刺激时，则进入 DNA 合成前期，表现出较强的再生能力，包括各种腺体或腺样器官的实质细胞，如胰、涎腺、内分泌腺、汗腺、皮脂腺和肾小管的上皮细胞等；永久性细胞，即非分裂细胞，包括神经细胞、骨骼细胞和心肌细胞，这类细胞在出生后都不再增殖，一旦受到破坏则为永久性缺失。可耗尽组织的细胞，如人类的卵巢实质细胞，在一生中逐渐消耗殆尽。

3.2 人体组织、器官和系统

结构相似和功能相关的细胞与细胞间质集合构成人体的基本组织，通俗来讲，组织是细胞的集合体。根据起源、结构和功能的不同各类组织具有不同分类，人体基本组织分为上皮组织、结缔组织、肌肉组织和神经组织（图 3-9）。

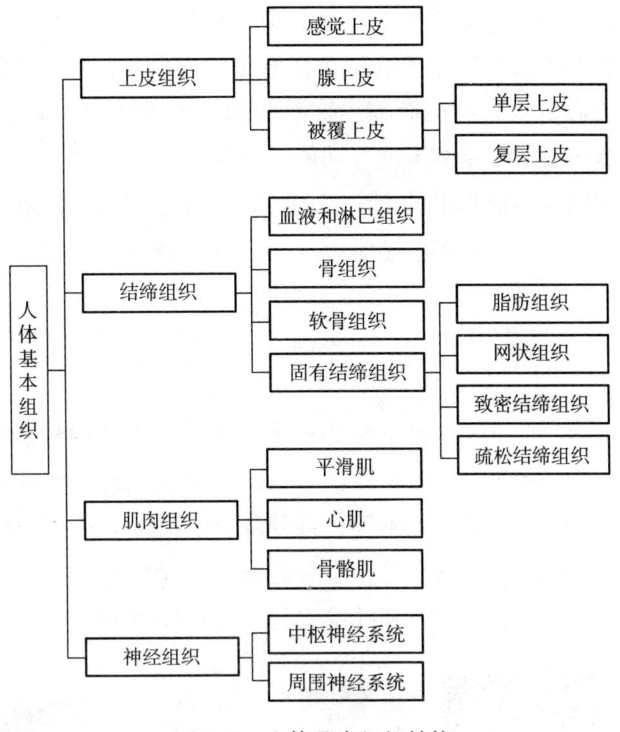

图3-9　人体基本组织结构

3.2.1　上皮组织

上皮组织由密集排列的上皮细胞和少量的细胞间质组成，是衬贴或覆盖在其他组织上的一种重要结构（图3-10）。上皮组织结构特点为：①细胞数量多，细胞结合紧密，细胞外基质少；②上皮细胞具有极性，分为游离面和基底面。游离面朝向体表或管状结构内表面，基底面借基膜与深部结缔组织相连接；③上皮组织内大多无血管，所需营养由结缔组织内的血管提供，通过基膜渗入上皮细胞的间隙中。

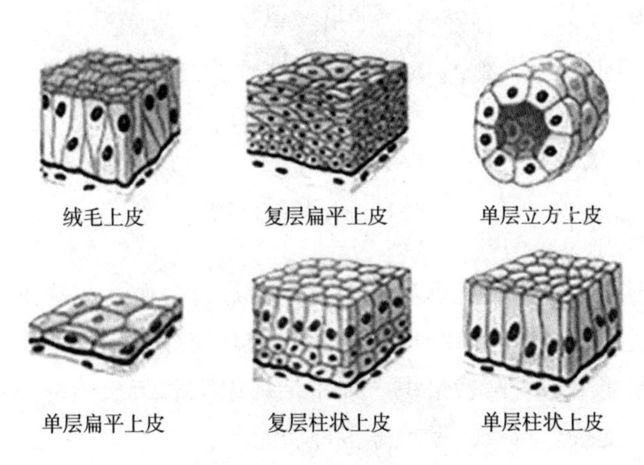

图3-10　人体上皮组织

上皮组织可分为被覆上皮、感觉上皮和腺上皮。被覆上皮包覆在除关节腔的软骨面之外的身体体表和有腔器官的内表面，保护组织器官免受异物侵入，其浅层细胞具有不同程度的角化现象，使被覆上皮具有较强的抗摩擦、抗溶解和抗渗透能力，增强其保护和防御作用。此外，被覆上皮还具有吸收、分泌和排泄等功能。比如，胃肠黏膜上皮具有分泌和吸收作用；肺泡和毛细血管等上皮则为一层扁平的上皮细胞，以适应于气体交换和物质交换。腺上皮由腺细胞组成，其主要生理功能为分泌。感觉上皮内含有特殊分化的细胞，具有感受特殊刺激的生理作用。

3.2.2 结缔组织

结缔组织由多种细胞、纤维和大量的细胞间质组成，是人体内构造复杂、形态多样、种类繁多的基本组织，广泛分布于人体各处（图 3-11）。构成结缔组织的细胞种类繁多，如巨噬细胞、成纤维细胞、浆细胞、肥大细胞等，且分散于细胞间质中，呈无极性疏松排列状态。纤维包括胶原纤维、弹性纤维和网状纤维，主要起联系各组织和器官的生理功能。细胞外间质是略带胶黏性质的液质，填充于细胞和纤维之间，主要起物质代谢交换的媒介功能。

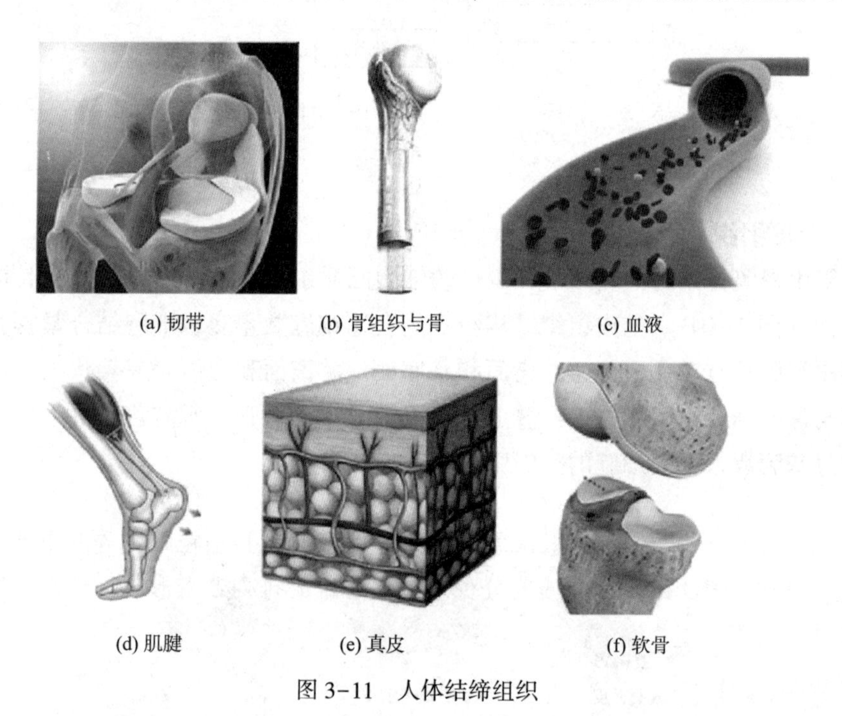

(a) 韧带　(b) 骨组织与骨　(c) 血液

(d) 肌腱　(e) 真皮　(f) 软骨

图 3-11　人体结缔组织

结缔组织可根据形态、结构和生理功能的不同而进行分类。广义的结缔组织包括血液和淋巴组织、较坚固的骨组织、软骨组织以及松软的固有结缔组织；一般所说的结缔组织仅指固有结缔组织，包括脂肪组织、网状组织、致密结缔组织和疏松结缔组织。结缔组织在体内广泛分布，具有连接、支持、营养、保护等多种功能。

血液由血浆和血细胞组成，当血液经动脉运行至毛细血管时，其中部分液体物质透过毛细血管壁进入组织间隙，形成了组织液。组织液与细胞之间进行物质交换后，大部分经毛细血管静脉端吸收入血液，小部分含水分及大分子物质的组织液进入毛细淋巴管成为淋巴。淋巴组织是无色透明的液体，由淋巴浆和淋巴细胞组成。淋巴沿各级淋巴管向心流动，并经过诸多淋巴结的滤过，最后流入静脉系统，参加血液循环，其主要功能是供给细胞营养及清除废料，促进受伤组织再生。

骨组织由骨细胞和细胞间质构成，是人体内最坚硬的结缔组织。骨细胞由胞体和突起构成，胞体呈扁平卵圆形藏于骨陷窝内，突起伸入充满组织液的骨小管空腔内。纤维主要为骨胶原纤维，骨基质由细胞间质内的骨盐与黏蛋白构成，使骨组织呈现坚硬的固体状态，具有很强的抗压力效能，使得骨组织具有支持和保护的生理功能。

软骨组织由软骨细胞和细胞间质构成，是一种特殊分化的结缔组织，细胞间质为凝胶状的固体，含有丰富的纤维，软骨细胞埋于细胞间质的小腔内。软骨组织结构坚韧且富有弹性，具有较强的支持和保护功能。

固有结缔组织中的脂肪组织由大量脂肪细胞集聚构成，脂肪细胞较大，为圆球形，胞内充满脂滴，因此细胞被挤至一侧呈半月形。成群集聚的脂肪细胞之间存在大量疏松结缔组织，因此被分隔为许多脂肪小叶。脂肪组织主要分布在皮下、肠系膜、大网膜及某些脏器的周围，具有贮存脂肪、维持体温、支持和保护等生理功能。

网状组织由网状细胞、网状纤维和基质构成。网状细胞形态为星形且多突起，细胞通过突起彼此连接成网。网状纤维细而多分支，沿着网状细胞的胞体和突起分布，网状纤维分支互相连接形成网孔并充满基质。体内没有单独存在的网状组织，它是构成淋巴组织、淋巴器官和造血器官的基本组成成分。网状组织分布于消化道、呼吸道黏膜固有层、淋巴结、脾、扁桃体及红骨髓中。在这些器官中，网状组织成为支架，网孔中充满淋巴细胞和巨噬细胞，或者是发育不同阶段的各种血细胞。网状细胞则成为 T 淋巴细胞、B 淋巴细胞和血细胞发育微环境的细胞成分之一。

致密结缔组织由排列紧密的大量纤维与少量的细胞和基质构成。其形态结构特点是细胞成分少，纤维多，排列紧密，纤维的密度和排列因结缔组织所在部位的不同而存在差异。多数致密结缔组织由胶原纤维组成，胶原纤维粗大，排列紧密且呈粗细不等的束状，与疏松结缔组织相比，结构致密，细胞和基质成分少。根据纤维的排列致密形态，致密结缔组织可分为规则致密结缔组织和不规则致密结缔组织两种类型。致密结缔组织在体内起连接、支持和保护的生理功能。

疏松结缔组织由排列疏松的纤维与分散在纤维间的多种细胞构成，其结构呈蜂窝状，因此又称蜂窝组织。疏松结缔组织对的结构特点是细胞数量少而分散，种类较多，细胞无极性，而纤维较少且分布疏松，有血管和神经分布，细胞与纤维之间分布有大量的半液体基质。疏松结缔组织中的细胞主要为成纤维细胞和巨噬细胞，此外在某些部位存在数量不定的浆细胞、肥大细胞和脂肪细胞等其他细胞，且在某些病理情况下，还存在少量来自血液的白细胞。构成疏松结缔组织的纤维主要有胶原纤维、弹性纤维和网状纤维三种。疏松结缔组织广泛分布在人体各处，位于器官、组织以至细胞之间，主要起连接、支持、营养输送、防御、保护和创伤修复等生理功能。

3.2.3 肌肉组织

肌肉组织是由特殊分化的肌细胞和细胞间质构成。肌细胞又称肌纤维，形态呈细长形，肌纤维的细胞膜称为肌膜；细胞质称为肌浆，肌浆内存有许多丝状的肌原纤维，是肌纤维收缩性的物质基础；滑面内质网称为肌浆网。细胞间质包括少量的结缔组织、血管、淋巴管和神经等。大量肌细胞被结缔组织包围形成肌束，毛细血管和神经分布在肌束中。肌肉组织的主要生理功能是收缩，用以完成机体的各种动作、体内各脏器的活动。根据肌细胞的形态和分布的不同，肌肉组织可分为心肌、骨骼肌和平滑肌三类（图 3-12）。

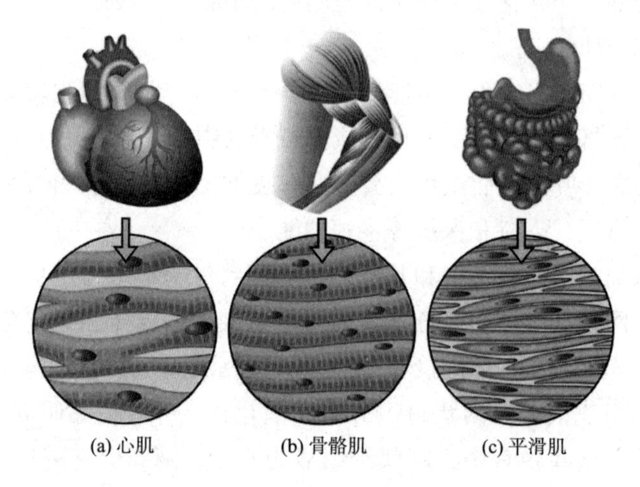

图 3-12　人体肌肉组织

心肌主要由心肌纤维构成，分布于心脏及邻近大血管，心肌不受意识支配，受植物神经支配，属于不随意肌，能发生节律性收缩。心肌纤维呈短圆柱形，有分支，与相邻心肌纤维连接成网，使心肌可同时收缩。心肌纤维也有横纹，但不如骨骼肌纤维明显，一般有一个椭圆形的细胞核，位于心肌纤维的中央。在心肌纤维的互相连接处，存在染色较深的带状结构，称为闰盘。闰盘连接相邻的心肌纤维，且允许离子及小分子物质通过，使许多相连的心肌纤维在功能上成为一个整体。

骨骼肌主要由大量平行排列的骨骼肌纤维、肌外膜、肌束膜和肌内膜构成，主要分布在躯干、头部和四肢，骨骼肌收缩迅速而有力，一般受意识支配，是随意肌。骨骼肌纤维呈细长的圆柱形，细胞核呈扁椭圆形，数量较多，紧靠肌膜的深面。细胞质内含有大量与肌纤维长轴平行的肌原纤维。在肌原纤维内有色浅的明带和色深的暗带，明带和暗带交替排列，在同一肌纤维中，所有肌原纤维的明带和暗带，都互相对齐，位于同一平面上，因而肌纤维呈现出明暗相间的横纹。肌纤维周围存在的一薄层结缔组织称为肌内膜。由数条至数十条肌纤维集合成肌束，肌束外存在的较厚的结缔组织称为肌束膜，由许多肌束组成一块肌肉，其表面的结缔组织称为肌外膜，即深筋膜。各结缔组织中均有丰富的血管，肌内膜中有毛细血管网包绕于肌纤维周围。肌肉的结缔组织中有传入、传出神经纤维，均为有髓神经纤维。分布于肌肉内血管壁上的神经为自主性神经，是无髓神经纤维。

平滑肌主要由平滑肌纤维构成，分布于内脏器官及血管等处，收缩缓慢而持久，不受意识支配，属于不随意肌。平滑肌纤维是一种长梭形的细胞，长短不一，每条平滑肌纤维有一个细胞核，核形椭圆，位于细胞中央。平滑肌纤维呈层排列，但相邻肌层内平滑肌纤维的排列方向不同，在同一层内，相邻平滑肌纤维彼此平行排列，互相嵌合，肌纤维之间有少量结缔组织起连接作用。

3.2.4　神经组织

神经组织是由神经细胞和神经胶质细胞构成的人体基本组织，是神经系统的主要构成成分（图3-13）。神经组织的生理功能是接受刺激、传导冲动和整合信息。

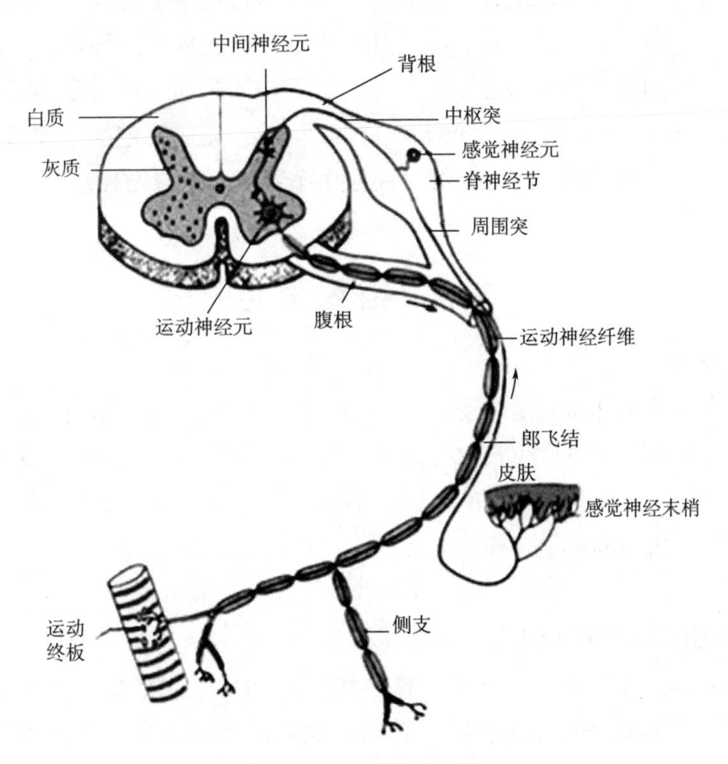

图3-13　人体神经组织

神经细胞又称神经元，是神经组织的主要构成成分，也是神经组织的结构和功能单位。神经细胞是高度分化的细胞，数量庞大，形态各异，结构复杂，分布于身体各处。神经细胞由胞体和突触构成。胞体在脑和脊髓的灰质及神经节内，形态各异，常见的形态为星形、锥体形、梨形和圆球形等。胞体是神经细胞的代谢和营养中心，胞体结构与一般细胞相似，由核仁、细胞膜、细胞质和细胞核构成。神经元突触指神经元之间或神经元与非神经细胞（肌细胞、腺细胞等）之间的一种特化的细胞连接，是神经元之间联系和进行生理活动的关键性结构。突触可分为化学性突触和电突触两类。

神经胶质细胞简称胶质细胞，是神经组织中除神经元外的另一大类细胞，广泛分布于中枢和周围神经系统中。神经胶质细胞具有复杂的结构和丰富的分泌产物，含有大量神经递质、神经肽、激素及神经营养因子受体、离子通道、神经活性氨基酸亲和载体、细胞识别分子，并能分泌多种神经活性物质。其主要生理功能为连接和支持各种神经成分，分配营养物质、参与修复和吞噬作用。中枢神经系统中的神经胶质细胞依据生理形态分为星形胶质细胞、少突胶质细胞和小胶质细胞等。周围神经系统中的神经胶质细胞分为神经膜细胞和卫星细胞。

3.2.5 人体器官与系统

组织按照一定方式进行有机组合就构成了器官。器官是能够独立行使某种特定功能的单位，如耳、鼻、口、眼、心、肝、脾、肺、肾、胃等。皮肤也是一种器官，是人体最大的器官。不同的器官有不同的大小和形态结构，且执行不同的功能。器官是构成人体系统的一部分。系统由结构上连续、功能上相关的器官、组织构成，完成特定的生理活动，如人体的消化系统、呼吸系统、免疫系统、神经系统、泌尿生殖系统、血液循环系统等。

3.3 组织再生

当生物体的整体或局部器官组织受外力作用而损伤、缺失后，体内组织是具有再生能力的，其在剩余部分的基础上再次生长出与缺失部分形态结构和生理功能相同的组织器官。这一过程包括细胞的增殖、分化和组织的形成。不同组织器官的再生能力和再生过程存在差异。本部分简要介绍几种组织的再生过程。

3.3.1 软骨组织和骨组织再生

软骨组织再生起始于软骨膜的增生，这些增生的幼稚细胞形似纤维母细胞，以后逐渐变为软骨母细胞，并形成软骨基质，细胞被埋在软骨陷窝内而变为静止的软骨细胞。软骨再生力弱，软骨组织缺损较大时由纤维组织参与修补。骨组织再生能力强，骨折后可完全修复。

3.3.2 血管再生

（1）血管再生。毛细血管多以出芽方式再生。首先在蛋白分解酶作用下基底膜分解，该处内皮细胞分裂增生形成突起的幼芽，随着内皮细胞向前移动及后续细胞的增生而形成一条细胞索，数小时后便可出现管腔，形成新生的毛细血管，进而彼此吻合构成毛细血管网。增生的内皮细胞分化成熟时还分泌Ⅳ型胶原、层粘连蛋白和纤维粘连蛋白，形成基底膜的基板。纤维母细胞分泌Ⅲ型胶原及基质，组成基底膜的网板，本身则成为周细胞（即血管外膜细胞）。至此毛细血管的结构逐渐完成。新生的毛细血管基底膜不完整，内皮细胞间空隙较多较大，故通透性较高。为适应功能的需要，这些毛细血管还会不断改建：有的管壁增厚发展为小动脉、小静脉，其平滑肌等成分可能由血管外未分化间叶细胞分化而来。

（2）大血管的修复。大血管离断后需手术吻合，吻合处两侧内皮细胞分裂增生，互相连接，恢复原来内膜结构。但离断的肌层不易完全再生，而由结缔组织增生连接，形成瘢痕修复。

3.3.3　肌组织再生

肌组织的再生能力很弱。横纹肌的再生根据肌膜是否存在及肌纤维是否完全断裂而有所不同。横纹肌细胞是一个多核的长细胞，可长达4cm，核可多达数十乃至数百个，损伤不太重而肌膜未被破坏时，肌原纤维仅部分发生坏死，此时中性粒细胞及巨噬细胞进入该部吞噬清除坏死物质，残存部分肌细胞分裂，产生肌浆，分化出肌原纤维，从而恢复正常横纹肌的结构；如果肌纤维完全断开，断端肌浆增多，也可有肌原纤维的新生，使断端膨大如花蕾样。但这时肌纤维断端不能直接连接，而靠纤维瘢痕愈合。愈合后的肌纤维仍可以收缩，加强锻炼后可以恢复功能。如果整个肌纤维（包括肌膜）均破坏，则难以再生，而通过瘢痕修复。

平滑肌也有一定的分裂再生能力，前面已提到小动脉的再生中就有平滑肌的再生，但是断开的肠管或是较大血管经手术吻合后，断处的平滑肌主要通过纤维瘢痕连接。

心肌再生能力极弱，破坏后一般都是瘢痕修复。

3.4　免疫系统

3.4.1　免疫系统的定义

免疫是人体的一种特殊的保护性生理功能，指机体识别“自己”与“非己”成分，对自身抗原如人体自身产生的损伤细胞或肿瘤细胞等形成天然免疫耐受，而对非己抗原如病菌等微生物进入人体产生破坏或排斥，从而维持机体生理平衡和人体健康。免疫因抗原成分的不同，可分为特异性免疫和非特异性免疫。特异性免疫是专门针对某个病原体产生的免疫应答；非特异性免疫是机体先天具有的生理防御功能，对各种不同抗原的入侵都能做出相应的免疫应答。机体免疫功能是通过免疫器官、免疫细胞和免疫分子组成的免疫系统完成的。

免疫系统是执行机体免疫应答及免疫功能的重要系统，具有识别和排除抗原性异物以及与机体其他系统相互协调、共同维持机体内环境稳定和生理平衡的功能（图3-14）。

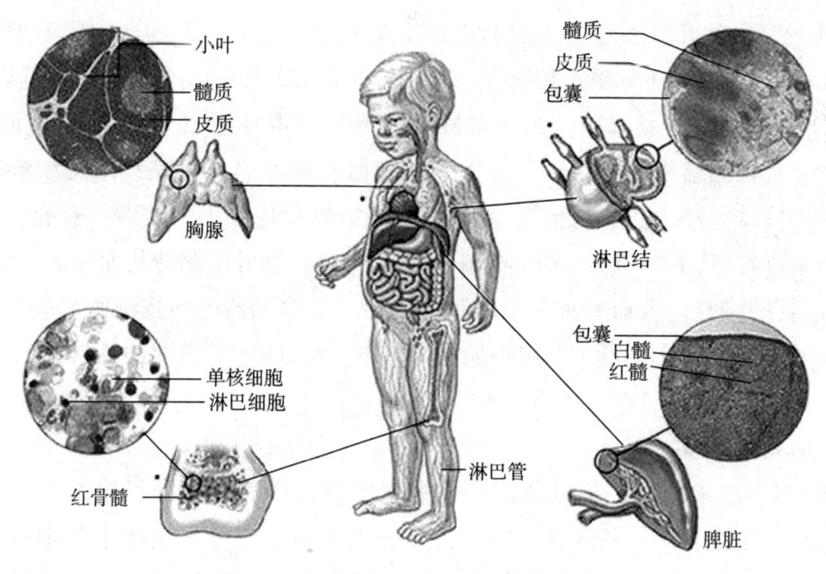

图 3-14　人体免疫系统

3.4.2　免疫系统的组成

免疫系统由免疫器官、免疫细胞和免疫分子组成。

3.4.2.1　免疫器官

免疫器官根据分化的早晚和功能的不同，分为中枢免疫器官和外周免疫器官。

（1）中枢免疫器官。它是免疫细胞发生、分化、成熟的场所，主要包括骨髓和胸腺。骨髓内有大量的多功能造血干细胞，分化为髓样干细胞和淋巴干细胞。髓样干细胞分化为单核巨噬细胞、粒细胞等；淋巴干细胞分化为 T 细胞、B 细胞、NK（nature kill cell）细胞等。胸腺是 T 细胞分化和成熟的地方，T 细胞可分化为辅助性 T 细胞和细胞毒性 T 细胞。

（2）外周免疫器官。它是 T 细胞、B 细胞定居、增殖的场所及免疫应答发生的主要部位。外周免疫器官包括淋巴结、脾脏、扁桃体、肠系黏膜及皮肤淋巴系统等。中枢免疫器官产生的 T 细胞、B 细胞在外周免疫器官处定居，遇到抗原刺激后开始增殖、分化为致敏淋巴细胞或产生抗体的浆细胞，以执行其免疫功能。

3.4.2.2　免疫细胞

免疫细胞是参与免疫应答或与免疫应答相关的细胞。根据分化来源的不同，可分为淋巴细胞和非淋巴细胞。淋巴细胞由淋巴干细胞分化而来，包括 T 细胞、B 细胞、K 细胞、NK 细胞、N 细胞和 D 细胞等；非淋巴细胞由骨髓干细胞分化而来，包括成粒细胞、肥大细胞、单核吞噬细胞、巨噬细胞、树突状细胞等。根据参与的免疫应答的不同，免疫细胞可分为固有免疫细胞和适应性免疫应答细胞，前者包括吞噬细胞、树突状细胞、NK 细胞、NKT 细胞、嗜酸性粒细胞、嗜碱性粒细胞等，主要发挥非特异性免疫应答，是机体在长期进化中形成的防御细胞，能对侵害机体的病原体迅速产生免疫应答，也可清除体内损伤、衰老或畸变的细胞；后者包括 T 细胞和 B 细胞等，在接受抗原刺激后，活化、增殖分化为效应细胞并产生一系列免疫应答反应。

3.4.2.3　免疫分子

广义的免疫分子指具有免疫能力的物质，包括免疫细胞、免疫蛋白、免疫因子和干扰素等。现代分子免疫学的免疫分子指的是由一些免疫活性细胞或相关细胞分泌的参与机体免疫反应或免疫调节的蛋白质及多肽物质，包括免疫球蛋白、补体、细胞因子、细胞黏附分子和人类蛋白细胞分化抗原等。

3.4.3　免疫系统的功能

免疫系统像一支精密的部队保护着人体的健康。当机体受到外来或自身产生的病原体侵害时，免疫系统都能协调调派不计其数、不同职能的免疫“部队”从事复杂的免疫应答任务（图 3-15）。免疫系统具有以下功能。

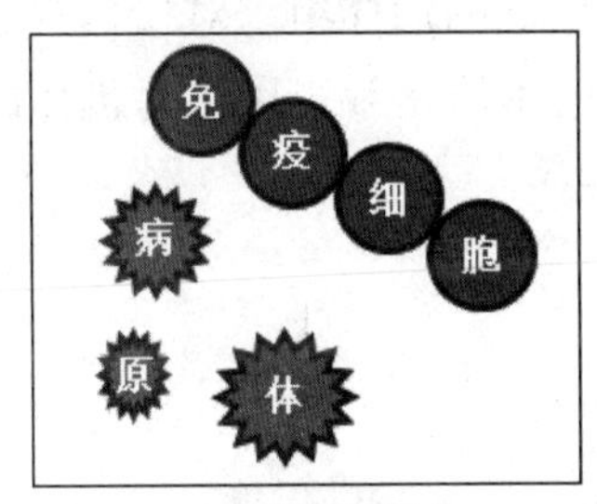

(a) 抵抗抗原的侵入，防止疾病的产生

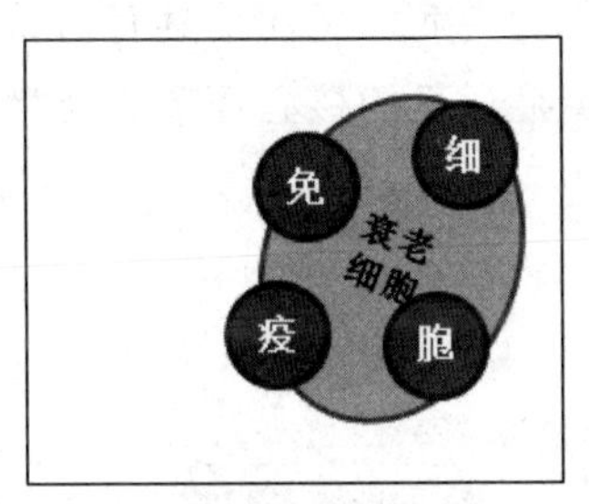

(b) 清除体内衰老、死亡和损伤的细胞

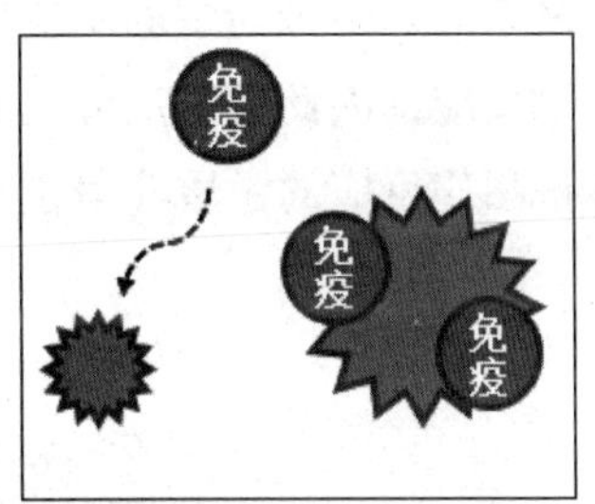

(c) 监视、识别和清除体内产生的异常细胞(如肿瘤细胞)

图 3-15　免疫功能示意图

（1）免疫防御。指机体排斥外来抗原性异物的一种免疫保护功能，使人免于病毒、细菌、污染物质及疾病的攻击。

（2）免疫自稳。指机体免疫系统维持内环境相对稳定的一种生理功能。及时清除体内新陈代谢后的废物以及损伤、衰老、变性的细胞和抗原—抗体复合物，从而对自身成分保持免疫耐受。

（3）免疫监视。指机体免疫系统及时识别、清除体内突变、畸形和病毒干扰细胞的一种生理保护功能。

免疫系统和人体其他器官相互配合、相互作用共同组成人体的三道免疫防线。

（1）第一道防线。第一道防线由皮肤和黏膜及其分泌物构成，皮肤和黏膜作为物理屏障阻挡病原体侵入人体；乳酸、脂肪酸、胃酸和酶等黏膜分泌物具有杀菌作用，作为化学屏障阻挡病原体的侵入；此外，黏膜上的绒毛还可清除异物。

（2）第二道防线。人体对抗病原体的第二道防线为非特异性免疫，由体液中的杀菌物质和吞噬细胞组成，是人类在进化过程中逐渐形成的天然防御体系，经遗传获得，并非针对特定的抗原，对多种病原体都有防御作用。

（3）第三道防线。人体对抗病原体的第三道防线为特异性免疫，是人体出生后逐渐获得的防御功能，只针对某一特定的抗原发生免疫应答，包括 B 细胞产生的抗体介导的体液免疫和 T 细胞介导的细胞免疫。

三道防线同时、完整并完好发挥免疫应答作用，充分保证身体健康。

3.5 炎症

3.5.1 炎症的定义

炎症就是人们平时所说的“发炎”，是机体对于刺激的一种防御反应。当各种外源性或内源性损伤因子刺激或作用于机体，造成器官、组织和细胞的损伤时，机体局部或全身会发生一系列复杂反应，以局限或消灭损伤因子，清除和吸收坏死组织和细胞，并修复损伤。机体这种复杂的以防御为主的反应称为炎症。炎症是具有血管系统的活体组织对损伤因子所发生的防御反应，因此血管反应是炎症过程的核心环节。炎症的本质是致炎因子对机体的损伤与机体抗损伤反应的矛盾斗争过程（图 3-16）。

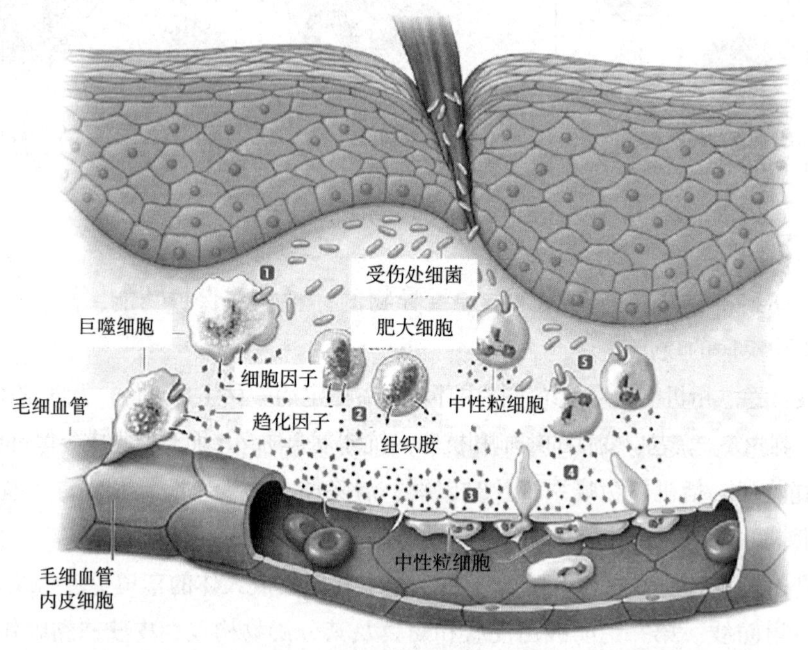

图 3-16　炎症过程示意图

3.5.2　炎症对机体的意义

一般来说，炎症对机体具有潜在的危害性，炎症对机体的消极意义在于：①当炎症引起重要器官的组织和细胞发生比较严重的变性和坏死时，可以影响受累组织和器官功能，如病毒性心肌炎可以影响心脏功能；②当炎症伴发的大量炎性渗出物累及重要器官时，会造成严重后果，如细菌性脑膜炎的脓性渗出物可以引起颅内压增高，可形成脑疝，威胁患者生命；③炎症引起的增生性反应，有时会造成严重的影响，如结核性心包炎引发的心包增厚、粘连可形成缩窄性心包炎，严重影响心脏功能；④长期的慢性炎症刺激可引起多种慢性疾病，如肥胖、心血管疾病、Ⅱ型糖尿病、肿瘤等。

但炎症也是具有血管系统的活体组织对各种损伤因子的刺激所发生的防御反应为主的基本病理过程，同时也具有许多重要的积极的生理意义：①阻止病原微生物蔓延全身，如炎性渗出物中纤维素交织成网，可限制病原微生物扩散，炎症性增生也可以限制炎症扩散；②液体和白细胞渗出可稀释毒素、消灭致炎因子以及清除坏死组织；③炎症局部的实质细胞和间质细胞在相应生长因子的作用下增生，修复损伤组织，恢复组织和器官的功能。

3.5.3　炎症的表现及病理

炎症会导致器官、组织和细胞的损伤，并带来机体局部或机体全身的临床病变。

炎症的局部病变以体表炎症时最为显著，常表现为红、肿、热、痛和功能障碍，其病理如下。

（1）红。红是由于炎症病灶内充血所致，最初由于动脉性充血，局部氧合血红蛋白增多，故呈鲜红色。随着炎症的发展，血流变慢、瘀血甚至停滞，局部组织氧合血红蛋白减少，还原血红蛋白增多，静脉性充血呈暗红色。

（2）肿。急性炎症时，机体局部会发生明显肿胀，主要是由于局部充血、炎性渗出物聚积，特别是炎性水肿所致。慢性炎症时，组织和细胞的增生也可引起局部肿胀。

（3）热。体表发生炎症时，炎症部位的温度高于周围组织温度，这是由于动脉性充血及代谢增强所致，白细胞产生的白细胞介素Ⅰ（IL-1）、肿瘤坏死因子（TNF）及前列腺素E（PGE）等均可引起发热。

（4）痛。引起炎症局部疼痛有多种因素。局部炎症病灶内钾离子、氢离子的积聚，尤其是炎症介质如前列腺素、5-羟色胺、缓激肽等的刺激是引起疼痛的主要原因；炎症病灶内渗出物造成组织肿胀，张力增高，压迫神经末梢可引起疼痛，故疏松组织发炎时疼痛相对较轻，而牙髓和骨膜的炎症往往引起剧痛；此外，发炎的器官肿大，使富含感觉神经末梢的被膜张力增加，神经末梢受牵拉而引起疼痛。

（5）功能障碍。如炎症灶内实质细胞变性、坏死、代谢障碍，炎性渗出物造成的机械性阻塞或压迫等，均可能引起发炎器官、组织的功能障碍。如病毒性肝炎时，肝细胞变性、坏死，从而引起肝功能障碍；急性心包炎心包腔积液时，可因压迫而影响心脏的功能；此外，疼痛也可影响肢体的活动功能，如急性膝关节炎症，可使膝关节活动受限。

炎症病变主要在局部，但局部病变不是孤立的，它既受整体的影响，同时又影响整体，两者是相互联系和制约的。在比较严重的炎症性疾病，特别是当病原微生物在体内蔓延、扩散时，常可出现明显的全身反应。常见的全身反应如下。

（1）发热。病原微生物感染常常会引起机体的发热。病原微生物及其产物均可作为发热激活物，作用于某些细胞，产生并释放致热物质，称为内生致热源（endogenous pyrogen，EP），后者再作用于体温调节中枢，使其调定点上移，从而引起发热。一定程度的体温升高，能使机体代谢增强，促进抗体的形成，增强吞噬细胞的吞噬功能和肝脏的屏障解毒功能，从而提高机体的防御功能。但发热超过一定程度或长期发热，可影响机体的代谢过程，引起多系统特别是中枢神经系统的功能紊乱。如果炎症病变十分严重，体温反而不升高，说明机体反应性差，抵抗力低下，是预后不良的征兆。

（2）白细胞增多。在急性炎症，尤其是细菌感染所致急性炎症时，末梢血白细胞计数可明显升高。在严重感染时，外周血液中常常出现幼稚的中性粒细胞比例增加的现象，即临床上所称的“核左移”。这反映了病人对感染的抵抗力较强和感染程度较重。在某些炎症性疾病过程中，如伤寒、病毒性疾病（流感、病毒性肝炎和传染性非典型肺炎）、立克次氏体感染及某些自身免疫性疾病（如 SLE）等，血中白细胞往往不增加，有时反而减少。支气管哮喘和寄生虫感染时，血中嗜酸性粒细胞计数增高。

（3）单核吞噬细胞系统细胞增生。单核吞噬细胞系统细胞增生是机体防御反应的一种表现。在炎症尤其是病原微生物引起的炎症过程中，单核吞噬细胞系统的细胞常有不同程度的增生。常表现为局部淋巴结、肝、脾肿大。骨髓、肝、脾、淋巴结中的巨噬细胞增生，吞噬消化能力增强。淋巴组织中的 B 细胞、T 细胞也发生增生，同时释放淋巴因子和分泌抗体的功能增强。

（4）实质器官病变。炎症较严重时，由于病原微生物及其毒素的作用，以及局部血液循环障碍、发热等因素的影响，心、肝、肾等器官的实质细胞可发生不同程度的变性、坏死和器官功能障碍。

3.5.4 炎症的结局

炎症过程中，既有损伤又有抗损伤。致炎因子引起的损伤与机体抗损伤反应决定着炎症的发生、发展和结局。如损伤过程占优势，则炎症加重，并向全身扩散；如抗损伤反应占优势，则炎症逐渐趋向痊愈；如损伤因子持续存在，或机体的抵抗力较弱，则炎症转变为慢性。炎症的结局，可有以下三种情况。

3.5.4.1 痊愈

多数情况下，由于机体抵抗力较强，或经过适当治疗，病原微生物被消灭，炎症区坏死组织和渗出物被溶解、吸收，通过周围健康细胞的再生达到修复，最后完全恢复组织原来的结构和功能，称为完全痊愈。如炎症灶内坏死范围较广，或渗出的纤维素较多，不容易完全溶解、吸收，则由肉芽组织修复，留下瘢痕，不能完全恢复原有的结构和功能，称为不完全痊愈。如果瘢痕组织形成过多或发生在某些重要器官，可引起明显功能障碍。

3.5.4.2　迁延不愈或转为慢性

如果机体抵抗力低下或治疗不彻底，致炎因子在短期内不能清除，在机体内持续存在或反复作用，且不断损伤组织，造成炎症过程迁延不愈，使急性炎症转化为慢性炎症。

3.5.4.3　蔓延播散

在病患抵抗力低，或病原微生物毒性强、数量大的情况下，病原微生物不断繁殖并直接沿组织间隙向周围组织、器官甚至全身蔓延播散。

（1）局部蔓延。炎症局部的病原微生物可经组织间隙或自然管道向周围组织和器官蔓延，或向全身扩散。如肺结核病，当机体抵抗力低下时，结核杆菌可沿组织间隙蔓延，使病灶扩大；也可沿支气管播散，在肺的其他部位形成新的结核病灶。

（2）淋巴道播散。病原微生物经组织间隙侵入淋巴管，引起淋巴管炎，进而随淋巴液进入局部淋巴结，引起局部淋巴结炎。如上肢感染引起腋窝淋巴结炎，下肢感染引起腹股沟淋巴结炎。淋巴道的这些变化有时可限制感染的扩散，但感染严重时，病原体可通过淋巴入血，引起血道播散。

（3）血道播散。炎症灶内的病原微生物侵入血循环或其毒素被吸收入血，可引起菌血症、毒血症、败血症和脓毒败血症等。

思考题

1. 细胞的主要结构组成有哪些？每个结构的主要生理功能是什么？
2. 细胞的生命历程有哪些过程？
3. 上皮组织、结缔组织、肌肉组织和神经组织的结构特点分别是什么？
4. 人体抵御外界侵害的防线有哪些？防线的特点是什么？
5. 人体炎症反应的过程有哪些？

第4章　非织造医用敷料

皮肤是人体最大的器官，占体重的15%~20%，表面积约达1.7m^2，汇聚了全身1/3的循环血液量。皮肤覆盖全身，使体内各种组织和器官免受物理性、机械性、化学性刺激和病原微生物的侵袭。当皮肤由于创伤、病变等原因发生损坏、溃烂、出血等情况时，需要外用的敷料来对其进行止血、抗菌、促愈合等一系列的治疗和保护。本章将从皮肤的相关生物学知识、伤口愈合理论等入手，进一步介绍目前常见的非织造医用敷料及其设计原则。

4.1　皮肤的结构

皮肤组织从外到内分别为表皮层、真皮层和皮下组织。表皮层是人体与外部环境之间的第一道防护屏障，可以维持体温，保持水分，防止微生物入侵。表皮层没有血管分布，通过组织液的渗透来运送氧气和营养物质。角质细胞是构成表皮层的主要细胞，在维持皮肤结构的完整性、防止微生物入侵、调节炎症细胞等方面有重要作用。真皮层主要为结缔组织，由血管、淋巴管、神经、各种细胞（成纤维细胞、血细胞、组织细胞等）和皮肤附属物（毛囊、皮脂腺和汗腺）组成。真皮层含有丰富的胶原蛋白和纤维蛋白，为皮肤组织提供力学强度和弹性，为细胞的生长、增殖和迁移提供支架。皮下组织介于真皮层与内部组织之间，由脂肪细胞和疏松结缔组织构成，分布有血管、淋巴管、神经、汗腺等结构，具有缓冲外部压力，储备能量、维持体温等作用。皮肤结构中除上述表皮和真皮外，还存在着很多的附属器官，如汗腺、皮脂腺、毛发、指（趾）甲、血管、淋巴管、神经和肌肉等（图4-1）。

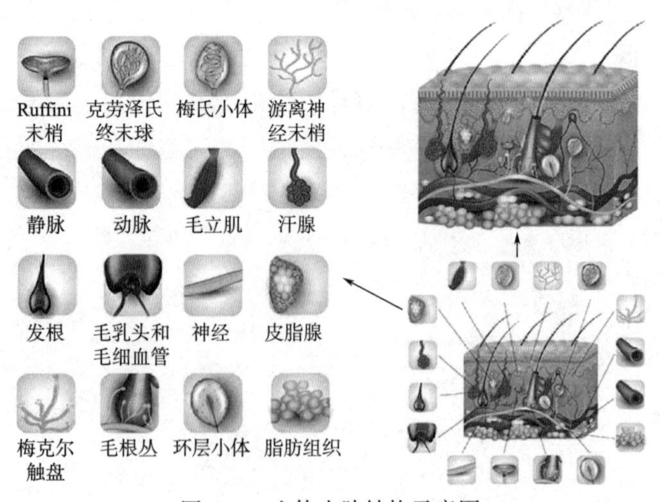

图4-1　人体皮肤结构示意图

4.2　皮肤的功能

皮肤保持着人体内环境的稳定，主要具有以下几种生理功能。

(1) 保护屏障功能。皮肤的保护屏障功能主要有两个方面：一方面是防止体内水分、电解质以及其他物质丢失；另一方面是阻止外界有害物质的侵入。而皮肤的保护屏障功能依赖于：①皮肤的坚固角化层构成的物理屏障；②皮肤产生的具有杀菌作用的分泌物；③皮肤表面的常驻菌；④表皮的 Langerhans 细胞、组织巨噬细胞、抗原提呈细胞和肥大细胞构成的皮肤免疫系统。

(2) 维持体温功能。皮肤通过辐射、传导、对流和蒸发四种方式散热。下丘脑的体温调节中心调节体温在 37℃，当体温偏离正常时，皮肤以血管、汗腺和毛立肌三种结构对其进行调节。

(3) 营养物质储存功能。日光下真皮深部的脂肪组织是合成纤维素 D 的场所，纤维素 D 是钙、磷吸收的必需纤维素。

(4) 呼吸功能。当体表温度为 30℃时，24h 内通过皮肤可以排出碳酸 7~10g，吸收氧气 3~4g。正常情况下，皮肤呼吸仅占气体代谢量的 1%。在高温或强体力劳动或运动下，通过皮肤的气体代谢量为肺代谢量的 15%~20%。

除上述功能外，皮肤还具有感受各种刺激、产生信息素以及排泄少量盐、水分和尿素等废物的作用。

4.3　伤口

4.3.1　伤口的形成

伤口是正常皮肤组织在外界致伤因子及机体内在因素共同作用下所导致的损害。常伴有皮肤完整性的破坏以及一定量正常组织的缺失，使皮肤的完整性和连续性受到破坏，从而造成皮肤的正常功能受损。英国研究者 Thomas 把伤口定义为：由机械、电、热、化学等因素造成的，或者由医学或者生理病态形成的皮肤缺陷。人们在日常生活中可以接触到很多种伤口，如由摩擦、子弹、刀、咬和手术所形成的机械损伤；由热、化学、电、辐射等因素造成的烧伤；而在老年人中，经常出现褥疮、溃疡等由于血液循环不良引起的慢性伤口。

4.3.2　伤口的特征

伤口的特征包括伤口的大小、形状、深度等形态特征以及物理、生物和微生物等物化特征。表 4-1 所示为各种伤口的物理、生物和微生物特征。

表 4-1 各种伤口的物理、生物和微生物特征

项目	伤口名称	伤口特征
物理特征	表皮伤口	表皮伤口主要涉及皮肤表面的损伤
	深度伤口	深度伤口涉及皮下组织和肌肉的损伤
	洞穴型伤口	洞穴型伤口一般很深，这类伤口大多是慢性伤口，所涉及的人体组织已经腐烂
生物特征	干燥伤口	不同的伤口在伤口愈合的不同阶段有不同程度的流血、流脓现象。根据渗出液的多少，护理中所需采用的敷料也有不同的性能
	潮湿伤口	
	高渗出液伤口	
	发臭的伤口	这类伤口一般细菌感染严重，气味重而且味道难闻
	过分疼痛的伤口	带这类伤口的患者疼痛感强烈
	难以包扎的伤口	有些伤口在人体的一些较难包扎的部位，如颈部、腋下等
微生物特征	无菌伤口	这类伤口上的细菌数量很少
	受感染的伤口	这类伤口有一定量的细菌，但不会对患者造成不良的影响
	有可能造成交叉感染的伤口	这类伤口上的细菌数量高，可能给病人自身及病区其他病人造成不良的影响

4.4 伤口的愈合

皮肤伤口愈合的生理调节是一个复杂的过程，快速有效的伤口愈合取决于多种细胞和组织在愈合期间内的协调相互作用。从伤口形成的那一刻起，皮肤的修复愈合就已经开始了。伤口愈合的过程包含四个相互重叠的阶段：止血期、炎症期、细胞增殖/迁移期和成熟期。

伤口愈合前期血小板受到外部因素的刺激聚集形成凝块，起到早期止血的作用。凝血因子被相继酶解激活生成凝血酶，将纤维蛋白原转化为纤维蛋白，与血小板凝块结合形成血栓，释放出一系列凝血活性因子激活周围的血小板，促使伤口部位的血管收缩，血流量减少。凝血途径包括外源性和内源性两种途径，外源性凝血途径是指血液之外的因子与血液接触后启动的凝血过程，内源性凝血途径中参与凝血的因子都来源于血液中，血液与带负电荷的物体表面接触后便会启动凝血过程。在止血的同时，血小板产生的生物活性分子向炎性细胞释放趋化信号，毛细血管的通透性增大，促使免疫细胞抵达伤口部位，清除异物，吞噬外部细菌和坏死细胞，释放生长因子，这一过程通常持续一周左右。伤口形成的1~2天内，组织细胞（角质细胞、成纤维细胞和巨噬细胞等）逐渐向伤口部位增殖迁移，伤口收缩。经过三周左右，由新生血管、巨噬细胞和成纤维细胞组成的肉芽组织形成，胶原沉积，成纤维细胞覆盖伤口表面形成新的皮肤层，角质细胞增殖实现表皮再生，伤口愈合最终完成。伤口愈合过程

需要有序进行，任一环节受阻都有可能影响愈合效果，导致急性伤口向慢性不愈合伤口转变，或者形成异常瘢痕。

4.4.1 “湿法”愈合理论

20世纪50年代后研究发现，创面环境对创面愈合起着至关重要的作用，其中有三个重要的发现：1958年Odland首先发现有水泡的创面比水泡破裂的创面愈合速度要快；1962年Winter发现使用聚乙烯膜覆盖的创面比干燥环境下创面的上皮化率增加一倍；Hinman和Maibach于1963年也发现了湿润创面比干燥创面的上皮化率提高。这三项重要的发现标志着湿润愈合理论的诞生。自此许多学者对湿润环境与创面愈合进行了更深入的研究，发现在湿润环境下和无结痂的条件下表皮细胞的迁移速度比暴露创面的要快，结痂会阻碍表皮细胞的迁移，因细胞的迁移主要是从创缘开始，而结痂迫使表皮细胞的迁移绕经痂下，从而延长了愈合时间。湿润环境能维持创缘到创面中央正常的电势梯度，加快表皮细胞的迁移速度。当皮肤受损伤时，人体皮肤的跨皮电势差将会降低，而湿润创面能维持这种电势梯度。此外，密闭湿润条件所提供的无氧环境有利于血管的增生，微酸环境能抑制创面的细菌生长、促进成纤维细胞的合成以及刺激血管增生。

此外，有研究表明使用保湿性敷料比传统敷料能减轻创面疼痛和不适。这可能是由于湿润愈合环境可以缓和并保护暴露的神经末梢，并且避免敷料与创面的粘连，有效地保护创面，减少更换敷料时对创面造成的机械性损伤。同时一般湿性敷料外层具有弹性，与自身皮肤具有一定的顺应性，在肢体活动时不会限制创面的延展而加重创面的疼痛。

创面愈合的现代观点特别强调皮肤创面愈合是一个连续的动态过程，是细胞与细胞、细胞与细胞基质以及细胞与可溶性介质间相互作用的过程。虽然近十几年来在这些领域中有许多突破性的研究成果，但因创面愈合的多因素性、复杂性，尚未形成完整严谨的理论体系，还有许多问题尚待解决，需要更多的研究发现及临床观察以形成完整的理论系统。

4.4.2 伤口愈合的评价

建立客观准确的评价伤口创面愈合的指标，目的在于要客观准确地评价伤口创面治疗中各种药物和治疗方案的效果，以适应实验研究和临床应用的需要。以下简单介绍几种评价指标。

（1）创面愈合率。创面愈合率是评价创面愈合的直接指标之一。可先将创面边缘描绘在透明薄膜上，再以此为模板，将质地均匀的硬纸板剪成同样大小，然后再用天平称重，以硬纸板的重量间接地表示创面面积的大小，并按下式计算出创面愈合率：

$$\text{创面愈合率}=\frac{\text{原始创面面积}-\text{未愈合创面面积}}{\text{原始创面面积}}$$

后来采用标准透明方格胶片来直接测量创面的面积。现多采用计算机，根据各种图像分析软件进行创面愈合率的测定和计算。

（2）创面愈合时间。创面愈合时间是评价创面愈合的传统指标之一，其定义为创面完全上皮化所需要的时间，而上皮化程度依靠的是肉眼的观察。

（3）组织病理学分析。将组织切片 HE 染色后，按照组织学标准定量评价，即在光学显微镜下通过观察表皮结构、表皮—真皮邻接处和微水疱、胶原束和皮肤结构、表皮再生和粒细胞浸润数量来评分，标准见表 4-2。

表 4-2　组织病理学评价标准

标准	评分		
	0	1	2
表皮结构	完全破坏/缺乏	部分坏死/溃疡	正常
表皮—真皮邻接处和微水疱	<25%表皮对真皮附着，有水疱	25%~75%表皮对真皮附着，无水疱	正常
胶原束和皮肤结构	无定型真皮胶原破坏	水肿、胶原束紊乱，真皮部分坏死	正常
表皮再生	<25%	25%~75%	>75%
粒细胞浸润数量	>16	6~15	<5

（4）巨噬细胞定量分析。巨噬细胞在调控创面修复过程中扮演着重要的角色。可采用组织学方法进行巨噬细胞的定量分析，即用 3,3′-二氨基联苯胺和 Gill′s 苏木素重复染色，然后在光学显微镜下借助一种视觉表格，随机统计每张组织切片中的巨噬细胞的数量。也可采用免疫组织化学的方法，用 $CD68^+$ 单抗标记来统计巨噬细胞的数量。

（5）羟脯氨酸含量测定。胶原是机体非常重要的结构蛋白之一，由于在结缔组织中提供稳定性而具有重要特殊性，它构成创面的基质。胶原是极少数含有羟脯氨酸的蛋白质之一，因此，通过测定创面羟脯氨酸的含量反映创面胶原的含量，从而评价创面愈合的能力。

（6）细胞增殖情况。创面愈合依赖于上皮再生，此过程由来自创缘和创面皮肤附件的表皮细胞通过创面表层的增殖和迁移来完成，创面修复还需要角质细胞、毛囊表皮细胞、成纤维细胞和血管内皮细胞的大量增殖。可通过免疫组织化学的方法检测 5-溴-2-脱氧尿苷来统计创缘角质细胞和毛囊表皮细胞的数量，或者用比色测定法定量分析，得出血管内皮细胞的比例。

4.5　伤口对医用敷料的要求

4.5.1　理想伤口敷料应具备的性能

伤口愈合过程涉及多个生理环节，为了满足伤口愈合不同阶段的需要，伤口护理对敷料的性能提出了不同的要求：在止血期需要伤口敷料快速引发凝血级联反应，多途径激活凝血因子，实现快速止血；炎症期的重点在于破坏细菌，需要伤口敷料具备加载抗菌消炎药物的能力，为伤口组织的生长做准备；细胞迁移/增殖期需要为组织细胞和新生血管的生长提供支架；成熟期敷料应易于被生物体降解，尽可能减小瘢痕的生成，不易与伤口组织粘连，避免在去除时对伤口造成二次伤害。理想的皮肤伤口敷料应该具备的性能见表 4-3。

表 4-3 理想的伤口敷料应具备的性能

伤口敷料性能	对伤口愈合的作用
止血性	加快血栓形成，减少血液流失
抗菌性	使伤口免受微生物污染，杀灭已感染部位的细菌
吸液性	吸收并保持伤口渗出液，维持伤口床湿润
透气性	伤口与外部氧气接触，有利于加快愈合
力学性能	考虑患者的活动对敷料完整性的影响。为新生组织血管提供支架
生物相容性	避免抑制细胞的生长增殖
药物负载能力	加载抗菌消炎药物避免伤口感染，或加载生长因子，促进细胞增殖和组织再生
可降解性	在增殖期、成熟期为新生组织提供生长空间。减少降解产物对环境的影响，利于环保
防粘连性	易于去除，减小对伤口的二次损伤

4.5.2 伤口程度及可选用的敷料

国际造口治疗协会及美国国家压疮学会共同制订了伤口程度的分类方法，适用于各类伤口（表 4-4）。不同程度的伤口所用的敷料也不尽相同。

表 4-4 伤口程度分类表

分期	国际造口治疗协会及美国国家压疮学会的分类	按部位及全皮层损失的分类	按伤口颜色的分类
第一期	皮肤完整，出现以指压不会变白的红斑印，可以通过护理措施来矫正这种情况	皮肤完整，表皮变红，血流受阻，组织受害	—
第二期	表皮或（及）真皮的部分损失，尚未穿透真皮层，伤口底部呈潮湿粉红状，很痛，没有坏死组织，出现表层的破皮、水泡或有小浅坑。疼痛的原因是真皮内的神经末梢接收器暴露在空气中	部分皮肤受损的伤口：穿入真皮组织但没有深至皮下脂肪组织	大部分的第二期伤口是红色的，出现干净的或新鲜的肉芽组织
第三期	表皮及真皮全部损失，穿入皮下组织，但没有穿透筋膜，尚未至肌肉层。出现中度深凹，可能有坏死组织、死腔、渗出液或感染。伤口底部不痛，原因在于神经已经受到损伤	全皮层的损失，穿入至皮下脂肪组织	黄色伤口，有少许渗出液及腐肉，可能有感染

续表

分期	国际造口治疗协会及美国国家压疮学会的分类	按部位及全皮层损失的分类	按伤口颜色的分类
第四期	广泛的破坏，穿透皮下脂肪至筋膜、肌肉或骨头。可能有坏死组织、潜行深洞、瘘管、渗出液或感染。伤口底部不痛	全部皮层的损失，穿透皮下脂肪组织至筋膜、肌肉或骨头	黑色伤口，有坏死组织或结痂

第一期的伤口，皮肤是完整的，存在的问题主要是压力或外伤造成的局部暂时性血液循环障碍，组织缺氧，皮肤出现红、肿、热、麻木或有触痛。此期治疗的主要目的是促进血液循环，解除发红症状，保护上皮组织，防止皮肤破溃。可使用水胶体类粘贴敷料，它对气体有半通透作用，在伤口上产生一个密闭的、局部缺氧的微环境，促使创面下的皮肤、组织、毛细血管的形成。毛细血管的形成为人体养分向创面的输送提供了渠道，因而也间接地加快了组织修复和肉芽组织的生成。水胶体敷料光滑的表面有效地减少了摩擦力和剪切力的产生。也可选用赛肤润等皮肤滋润剂直接涂抹。

第二期的伤口面对的主要问题是表皮层及真皮层的部分缺损及患者的疼痛。仍可选用水胶体类敷料。由于水胶体医用敷料在伤口的表面维持了一个湿润的环境，能辅助上皮细胞从伤口的边缘向创面的迁移，加快了伤口的上皮化。当神经末梢处于湿润环境中时，在一定程度上也减轻了伤口的疼痛。

第三期的伤口面对的主要问题是组织的缺损及感染，坏死组织出现，渗液较多。可选用水凝胶系列敷料来进行自体清创。水凝胶的作用机制是在湿润环境中依靠伤口自身渗出液中的胶原蛋白降解酶来分解坏死物质。同时可选用藻酸盐类敷料来吸收渗液，控制感染。藻酸盐类敷料可以吸收相当于自身重量20倍的液体，能有效控制液体渗出，从而延长换药时间。同时该类敷料中因含有大量的钙离子，与伤口的渗液在离子交换过程中可以起到轻微的止血作用。待坏死组织清除干净，感染问题控制后，仍可选用水胶体类敷料或藻酸盐类敷料促进肉芽及上皮组织生长。

第四期的伤口面对的主要问题是严重的感染，大面积组织的缺损或坏死组织的结痂，可选用抗菌性敷料或负压创面治疗技术进行处理和治疗。聚氨酯泡沫敷料、甲基碳化钠纤维素敷料、藻酸盐敷料、亲水性凝胶都有添加银离子的产品。当各种附着定量银离子的敷料接触伤口渗出液时，敷料中的银离子会被渗出液中的钠离子置换而释放到伤口上。带正电银离子对微生物、真菌及部分病毒有高度毒性，可以抑制其生长，达到抑菌作用。银离子会阻碍细菌细胞壁蛋白的合成、阻止细胞核DNA的分裂及破坏细菌的呼吸能量链的合成，最终使细菌的细胞壁破裂而死亡，从而达到抑菌作用。根据伤口的具体情况选择需要吸收渗液的银离子敷料或者能自溶清创的银离子敷料，来达到使第四期伤口向第三期伤口转化的目的。

根据伤口程度的不同，常采取不同的处理方法，选用不同类型的敷料。伤口的处理和敷料的选择必须有完整的评估、制订方案、处理、再评估的过程。没有任何一种敷料适用于所有伤口或者伤口的所有时期，所以必须根据伤口的实际情况、伤口愈合的阶段及患者的整体情况等方面来选择高效的、合适的敷料。

4.6 止血类非织造医用敷料

早期的止血纱布用止血剂处理，止血剂中含有止血基团或含有可以激活血液中的止血物质的成分。在处理伤口或手术时，止血纱布遇到血液或渗出物，可迅速吸附、溶胀，紧密附着创面，迅速溶解并促进凝血因子活化，黏附血小板，形成柔软的凝胶胶体蛋白纤维，有利于创伤部位的快速康复。纤维蛋白、胶原蛋白、羟甲/乙基纤维素、海藻酸和甲壳素/壳聚糖类等都是常用的止血材料。

4.6.1 甲壳素/壳聚糖类

血流不凝止是因为血液中细胞间相互排斥，相互排斥来源于细胞膜上的负电荷，这些负电荷由细胞膜表面神经氨基酸残基产生。甲壳素类是自然界中迄今为止被发现的唯一带正电荷的动物纤维素，分子中带有不饱和阳离子基团，可与细胞表面神经氨基酸残基的受体（带负电荷）相互作用而使负电荷减少。因此，甲壳素类通过对细胞明显而直接的黏附和凝集作用，实现良好的止血作用。

甲壳素具有稳定的环状结构（图4-2），性质稳定，不溶于水和一般有机溶剂。在碱性条件下将甲壳素进行水解，脱去其分子中的部分或全部乙酰基（目前脱乙酰化可达97%），可转变为壳聚糖，其分子结构如图4-3所示。壳聚糖是一种带正电荷的多聚电解质，与甲壳素相比，壳聚糖不但溶解性大为提高，而且某些特性（如保湿性、抗静电性、物化性质、生物相容性、抗菌性及伤口促愈等）有更好的改善。

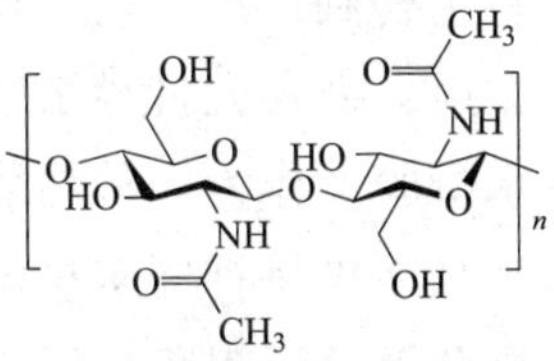

图4-2 甲壳素化学结构式

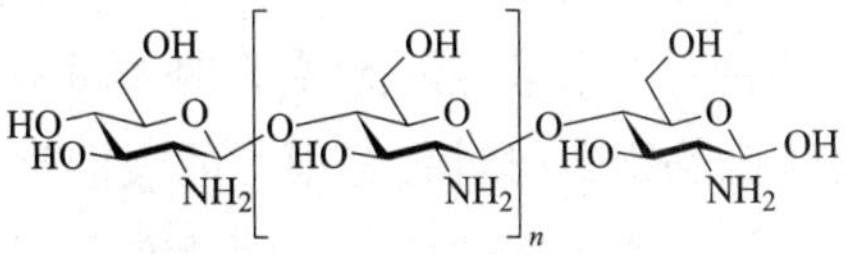

图4-3 壳聚糖化学结构式

研究表明，壳聚糖的止血功效与其脱乙酰度、分子量、质子化程度和物理形态密切相关。在pH小于或等于6.8时，壳聚糖纤维表面显正电性，对血液中的细胞外基质蛋白、磷脂、多糖等显负电性的生物大分子有很强的吸附作用。当壳聚糖纤维在与血液接触时，血浆蛋白会迅速吸附到纤维表面，介导了血小板在纤维表面的黏附。血小板的形变和激活引起血小板活性成分的释放，其中腺苷核苷酸能促进更多的血小板、血细胞、不溶性血纤维蛋白在纤维表面黏附，最终形成血栓。

将壳聚糖溶解制成纺丝液经纺丝制备得到壳聚糖纤维，再经湿法成网，热轧黏合、针刺、水刺等加固方法制成非织造材料。热轧黏合法或湿法都会用到黏合剂等化学助剂，产品使用受限且手感偏硬。针刺法制成的产品偏厚，抗张强度低且与皮肤的贴合性差。水刺法制成的产品具有透气、吸湿、强度高、弹性好、无毛羽、耐存储等优点，但生产成本较高。也可将壳聚糖溶液通过浸渍法均匀涂覆在棉纱布的表面，或将壳聚糖浆料喷成薄膜并凝固拉伸后制成人工皮肤。人体皮肤呈弱酸性，利于壳聚糖降解，因此壳聚糖类医用敷料是一种极具发展潜力的可降解医用敷料。

4.6.2 海藻酸类

海藻酸是一种从海洋藻类植物中提取的天然高分子材料，无毒、可生物降解且不溶于水，但其钠、钾、铵盐和海藻酸丙二醇酯是水溶性的（图 4-4）。海藻酸钠是一种在室温下可以被溶解的天然阴离子多糖共聚物，这种多糖结构与人体细胞外基质主要多糖成分葡萄氨聚糖（GAG）结构相似，这使海藻酸类物质在与人体伤口接触时，显示出适于伤口损伤组织细胞增殖的特性，并且不会引起免疫抗原反应，能够显著促进伤口的愈合。

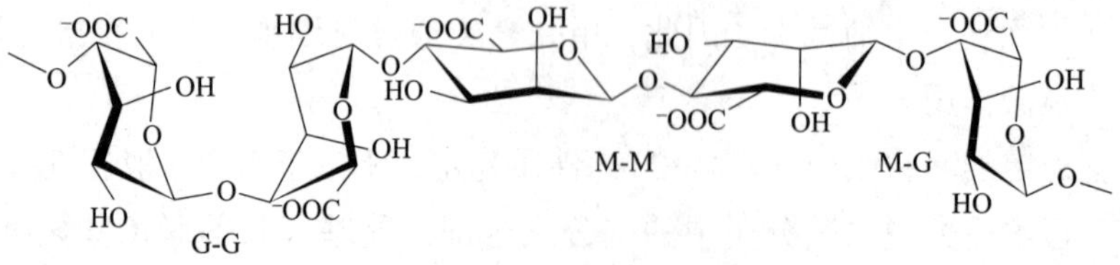

图 4-4　海藻酸化学结构式

以水溶性海藻酸为原料，通过湿法纺丝，再经水洗、牵伸、定型等加工工序可得到海藻纤维。海藻纤维的高吸湿性和可凝胶化的特性使其在医用敷料上得到广泛应用。作为医用敷料时，海藻酸钙纤维与创面渗出液中的 Na^+ 接触，通过离子交换，吸收大量渗出液，使不溶性的海藻酸钙转变为水溶性的海藻酸钠，而后形成海藻酸钠水凝胶。作为一种功能性的医用敷料，海藻酸钙非织造材料具有很好的吸湿性和止血功能，并且能维持神经末梢的湿润，为伤口的愈合提供一个湿润的环境，因此有助于湿态下伤口的愈合且易于揭除。海藻酸钙纤维层也可与其他非织造布层（棉花、黏胶纤维、甲壳素及醋酯纤维等）通过针刺复合形成新型复合医用敷料。

4.6.3 纤维素及纤维素衍生物类

纤维素是自然界中分布广泛、年产量较高的天然高分子材料，起初是由法国科学家在木材中提取化合物的过程中分离得到，其化学结构式如图 4-5 所示。

纤维素主要来源于棉花、木材和禾本科植物。其中，棉花中的纤维素含量最高，90%～98%都为纤维素。纤维素纤维分天然纤维素纤维和再生纤维素纤维两种。常见的天然纤维素

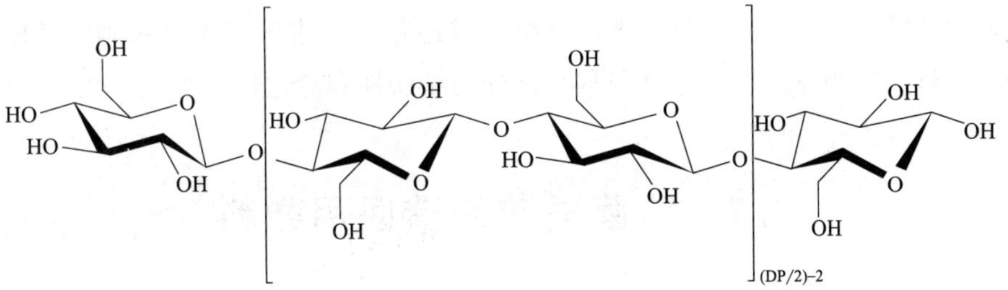

图 4-5　纤维素化学结构式

纤维有棉纤维和麻纤维；再生纤维素纤维是用纤维素为原料制备的化学纤维，如黏胶纤维。以纤维素纤维为原料通过针刺、水刺、热黏合等方式制成的非织造材料在医疗卫生行业得到广泛应用。棉和黏胶纤维制备的非织造布具有良好的透气性和吸湿性，但由于无法保持创面的湿润，易与创口粘接，因此通常需要对其进行改性处理或与其他纤维混合。与传统棉纱布相比，黏胶纤维比棉纤维具有更好的吸收量和吸水速度，其吸渗液效果好且不易粘连伤口。

由于天然棉纤维经过羧甲基化改性处理后，纤维长度会随着羧甲基化的取代度的高低发生不同程度的收缩，并且强度严重降低。另外，改性后纤维的可纺性较差，后续的加工织造困难。所以，目前的研究多关注于再生纤维素纤维的改性处理。纤维素是一种多元醇化合物，每个葡萄糖基团上有三个活泼的羟基，通过羟基的化学反应，纤维素可以形成纤维素酯和纤维素醚两大类纤维素衍生物，如羧甲基纤维素纤维和羟乙基纤维素纤维等。羧甲基纤维素纤维是纤维素葡萄糖单元中个羟基经羧甲基取代或部分取代的产物，根据其分子量或取代程度的不同，其产物可在水中溶胀或溶解。研究表明，羧甲基纤维素医用敷料在吸收伤口渗出液时，通过溶胀或形成局部溶胶，可形成堵塞效果，防止渗出液进一步扩散，从而起到止血效果。

英国的 ConvaTec 公司开发了一种由羧甲基纤维素钠制成的医用敷料（Aquacel 品牌）。这种产品由溶液纺制的再生纤维素纤维经化学加工制成，加工过程中在纤维素的羟基上引入了羧甲基钠基团。由于羧基具有良好的亲水性能，其纤维可吸收大量的水分而不溶解。这样形成的针刺非织造材料既有很强的吸湿性又能保持形貌和结构完整。

4.6.4　胶原蛋白

胶原蛋白是蛋白质中的一种，主要存在于动物的皮、骨、肌腱、韧带或血管中，是结缔组织重要的结构蛋白。胶原蛋白在临床上具有良好的止血作用，胶原蛋白的天然结构具有很好的凝胶能力，可以与血小板通过黏合、聚集形成血栓，从而起到止血作用。胶原蛋白止血剂包括明胶海绵、微晶胶原、增凝明胶海绵等，胶原止血途径包括：①激活部分血液凝血因子的活动；②引导血小板附着，产生释放反应和聚集；③对渗血伤口的黏着和对损伤血管的机械压迫起到填塞作用。

胶原蛋白是一种纤维状的蛋白质，具有棒状螺旋结构。胶原蛋白通过分子自组装、湿法纺丝或静电纺丝的方法可以制备胶原蛋白纤维。胶原蛋白纤维可以通过水刺、针刺等工艺制备成非织造材料，所制备的非织造材料具有良好的亲肤性和舒适性，与人体相容性较好。

4.7 抗菌类非织造医用敷料

细菌感染是影响伤口愈合的主要因素之一，伤口渗出液里所含的大量炎症因子、蛋白酶和自由基都会减缓伤口的愈合速度。抗菌敷料的研发对治疗外科感染伤口有重要的意义，是创伤敷料发展的趋势。

抗菌非织造材料的制备通常有以下方法：将天然抗菌纤维通过水刺、针刺等加固工艺制成抗菌非织造材料；也可将抗菌材料添加到纺丝液中，先制得抗菌纤维，而后再制成非织造材料；还可通过后处理加工，将非织造材料进行抗菌化处理，后处理的加工方式主要有：①浸渍或浸轧法，即将非织造材料置于抗菌液中，经过浸渍或浸轧一定时间后取出；②涂层法，即将抗菌材料与黏合剂混合后涂覆在非织造材料上。以下为几种常用抗菌医用敷料。

4.7.1 甲壳素/壳聚糖类

如前所述，甲壳素类分子结构中的不饱和阳离子基团不仅使其具有良好的止血作用，而且对带负电荷的各类有害物质如细菌、真菌和病毒等有强大的吸附能力，故具有广泛的抑菌作用（如抑制金黄色葡萄球菌、大肠杆菌等），对一般抗生素难以抑制的白色念珠菌也有作用。采用针刺加固工艺制备的壳聚糖非织造材料可以促进纤维原细胞的快速增殖、胶原蛋白的合成及血管化。壳聚糖的抗菌性能和壳聚糖的分子量、脱乙酰度、pH 和环境温度等有关。低分子量的壳聚糖对伤口病原体具有更好的抗菌作用，而脱乙酰度与壳聚糖表面的正电荷密度密切相关。

4.7.2 汉麻纤维类

汉麻是一种一年生草本作物，又称为大麻。汉麻中有 400 多种化学物质，其中 60 多种为汉麻酚类物质，主要的酚类有四氢大麻酚、大麻二酚和大麻酚等，这些酚类对金黄色葡萄球菌、大肠杆菌、白色念珠菌和绿脓杆菌都有良好的抑制作用。同时，汉麻单纤维呈管型，为中空多孔的结构，具有良好的吸附性能。

除了单独使用汉麻纤维外，通常也将汉麻纤维与其他材料复合制备医用敷料。例如，利用汉麻纤维的天然抗菌性能和黏胶纤维的高吸水性，通过高压水刺缠结技术可制备具有微孔结构的非织造医用敷料。该医用敷料对大肠杆菌、金黄色葡萄球菌等细菌的生长有着良好的抑制作用，抑菌率均可达 90% 以上。医用敷料制备工艺流程为：纤维开松混合→梳理→铺网→纤网复合→纤网固结→烘干。

4.7.3　载银类

银离子作为一种对人体毒性很小的重金属离子，因其抗菌能力强、细菌耐药发生率低而被用作抗菌材料，且已有悠久的历史。银被认为具有广谱的抗菌活性，对革兰氏阴性菌、革兰氏阳性菌、真菌、部分病毒等均有抗菌作用，并且不会产生细菌抵抗性，对耐药菌株都显示出很强的抗菌作用。近年来，银离子正被越来越多地用于医用敷料的生产中。研究表明，银粒子不仅具有抗炎特性还有止痛作用，能抑制细菌的复制，具有很强的渗透性，能渗透到皮下组织，与切口接触后迅速持久地释放纳米银粒子，快速有效地杀灭切口及缝线上的病原体。

银的抗菌机理源于其在与皮肤上的水或伤口渗出液中的细菌接触后，可以与细菌细胞中酶蛋白的活性部分巯基（—SH）或氨基（—NH_2）发生化学反应，使酶蛋白沉淀失去活性，继而使病原细菌的生长和繁殖受到抑制。添加银离子的医用敷料表现出较强的快速杀菌能力，可用于感染伤口以控制细菌繁殖。目前已有国内外多家生产企业推出纳米银医用抗菌敷料，主要是将纳米银附着于医用脱脂纱布或医用非织造材料上。

医用敷料中常用的银大致有三种：①元素银，如纳米银粒子；②银的无机化合物或复合物，如硝酸银、氧化银或氯化银等；③有机银复合物，如胶状银、蛋白质银等。

由于载银方式不同，各种含银敷料的含银量在 1%～10%，差异很大。多数纤维载银敷料中的银是采用表面涂（镀）层技术“装载”的，考虑到银氧化后抗菌功效降低的因素，一般载银量较高，相应的成本也高。为降低成本、减少浪费和污染，已开发出智能型存储缓释载银抗菌纤维。这种纤维芯层通常装载有分散在水凝胶大分子网络中的高抗菌活性初生态单质银，纤维壳层将水凝胶和单质银与外界隔离，保证银的抗菌活性不受外界因素影响。在使用过程中，水凝胶遇水膨胀，由纤维两端送出高活性的初生态单质银，具有遇水响应的智能特征。

4.7.4　其他类型的抗菌医用敷料

将天然抗菌材料或抗菌药物与中空纤维复合，制备存储缓释型的非织造材料是目前抗菌敷料的另一个研究方向。抗菌成分通常在纤维的芯层，在纤维使用过程中，抗菌成分由纤维两端向环境缓慢释放，纤维壳层起到保护作用，达到存储和缓释的目的。天然的抗菌材料有芦荟、香料、艾草和植物精油等。

4.8　新型复合类医用敷料

复合敷料的种类繁多，很难做详尽的介绍。对非织造材料制品而言，复合敷料分为复合材料和复合结构两种。复合医用敷料能综合多种材料及加工技术的优势，将成为新型医用敷料的发展方向。

4.8.1 复合材料类复合敷料

由于伤口敷料要求用在不同伤口或伤口愈合的不同阶段，任何一种单一的材料都难以满足伤口愈合过程复杂的要求。很多临床试验已经证实，单一的止血材料或多或少都存在一定的缺点或不良反应，两种或三种不同材料的复合可提高敷料的止血优势及相容性。

例如，海藻酸纤维由于强力较低、脆性较大、弹性较低以及色泽不够理想，给其产业化生产带来一定的困难，在某种程度上缩小了其应用范围，所以多采用具有抗菌止血功能的纤维与其他材料共混或混纺或交织技术制备。将海藻纤维和羧甲基纤维素混合使用，可以提高创伤敷料的膨胀浸润性，降低产品的脆性。将骨胶原与海藻纤维复合制备的创伤敷料在糖尿病人足部溃烂的护理中有很好的疗效。以甲壳质纤维和印尼黏胶纤维为原料，研制自粘型甲壳质非织造医用敷料，其横纵向强力、透气性能、吸湿性能均优于传统敷料垫，在缩短创面渗出、红肿、疼痛、愈合时间等方面效果显著。也可将超吸水纤维、甲壳素纤维和ES纤维为原料，通过梳理成网和热轧工艺开发具有手感柔和、富有弹性、抗菌及医疗功能的医用非织造敷料。目前复合水凝胶型的医用敷料得到广泛应用，将生物质纤维非织造材料与水凝胶复合，制备的功能性伤口敷料具有超吸水性和自我愈合性能，符合新型伤口敷料应具有的修复和皮肤再生的优势。

4.8.2 复合结构类复合敷料

多层复合结构也是医用敷料制备过程中常采用的方法。复合医用敷料一般具有典型的三层结构，包括接触层、功能层和固定层/保护层。

（1）接触层为低黏性，不易粘接伤口，目的是使伤口的渗出液进入功能层。

（2）功能层主要吸收伤口的渗出液，控制细菌和微生物的繁殖，抗菌止血。

（3）固定层/保护层则将敷料固定在伤口上，为伤口提供物理屏障，透气保湿。

例如，有研究者制备的海藻纤维针刺复合医用敷料，其中功能层采用海藻纤维网以及不同比例的海藻纤维网与黏胶纤维网复合的办法，从而当功能层和皮肤直接接触时，能够大量吸收创面渗出液，起到良好的止血和促愈作用；保护层由黏胶纤维和涤纶混合梳理成网，起到一定的支撑和保护作用。两层之间采用针刺加固复合，得到的产品具有柔软、透气、吸湿、易揭除、止血性好等优点。

思考题

1. 人体皮肤的结构和功能分别是什么？
2. 伤口的分类及特征是什么？

3. 伤口的愈合分为哪几个阶段？
4. “湿法”愈合理论指的是什么？伤口微环境包含哪些元素？
5. 伤口愈合的评价指标有哪些？
6. 现代创面敷料的要求有哪些？
7. 甲壳素/壳聚糖类非织造材料的制备方法有哪些，各有何优缺点？
8. 甲壳素/壳聚糖类非织造材料的止血和抗菌机理是什么？
9. 简单叙述海藻酸类非织造材料的止血和抗菌机理。
10. 通过文献调研，介绍一种复合型非织造医用敷料的制备、性能和优势。

第5章　非织造人工血管

人工血管是血管的替代品，而血管是人体血液循环必不可少的载体。为充分了解人工血管植入体内后所处的环境、所应发挥的功能，以便更好地指导人工血管的设计制备，本章将首先介绍血液循环系统、血管及血管系统、血管疾病等方面的知识，进一步从非织造人工血管的设计要求、制备方法等方面进行介绍。

5.1　血液循环系统

5.1.1　概述

健康成年人体内拥有占体重7%~8%的血液，在医疗体系中，血液对生命尤其重要。在人体内循环流动的血液，可以把营养物质输送到全身各处，并将人体内的废物收集起来，排出体外。血液依靠血液循环系统在体内流通，血液循环系统是血液在体内流通的通道，分为心血管系统和淋巴系统两部分。淋巴系统是静脉系统的辅助，因此一般所说的血液循环系统指的是心血管系统。

血液循环系统是由心脏、动脉、静脉及毛细血管组成的功能体系。血液在心泵的作用下循一定方向在心脏和血管系统中流动。当血液流出心脏时，血液把养料和氧气输送到全身各处，当血液流回心脏时，将机体产生的二氧化碳和其他废物，输送到排泄器官，排出体外。

5.1.2　血液循环系统的种类

血液循环系统是一个完整的、封闭的循环管道，它以心脏为中心通过血管与全身各器官、组织相连，血液在其中循环流动。心脏是一个中空的肌性器官，它不停地有规律地收缩和舒张，不断地吸入和压出血液，保证血液沿着血管朝一个方向不断地向前流动。血管是运输血液的管道，包括动脉、静脉和毛细血管。动脉自心脏发出，经反复分支，血管口径逐步变小，数目逐渐增多，最后分布到全身各部组织内，成为毛细血管。毛细血管呈网状，血液与组织间的物质交换就在此进行。毛细血管逐渐汇合成为静脉，小静脉汇合成大静脉，最后返回心脏完成血液循环。根据血液循环的部位和功能不同，血液循环系统可以分为体循环、肺循环两种（图5-1）。血液循环一旦中止，机体各器官组织将因失去正常的物质运输而产生新陈代谢障碍以及能量供应不足，同时体内一些重要器官的结构和功能将受到损害，尤其是对缺氧异常敏感的大脑皮层。只要大脑中血液循环停止3~4min，人就会失去意识；血液循环停止4~5min，半数以上的人会发生永久性的脑损伤；停止10min，大脑的绝大部分智力会被毁掉。

由此可以看出，血液和稳定的血液循环系统是维持机体生命的重要条件。

5.1.2.1　体循环

体循环又称大循环，其血管包括从心脏左心室发出的主动脉及其各路分支，以及返回心脏的上腔静脉、下腔静脉冠状静脉窦及其各级属支。体循环开始于左心室，当心室收缩时，含有较多氧和营养物质的鲜红色的动脉血自左心室输出，经主动脉及其各级分支到达全身各部位的毛细血管，进行组织内物质交换和气体交换，血液变成含有组织代谢产物及较多二氧化碳的深红色的静脉血，再经各级静脉，汇入小静脉、大静脉，最后经上腔静脉、下腔静脉流回右心房。体循环静脉可分为上腔静脉系、下腔静脉系和心静脉系三大系统。其中，上腔静脉收集头颈、上肢和胸背部等处的静脉血，下腔静脉系收集腹部、盆部、下肢部静脉血，心静脉系收集心脏的静脉血。体循环的主要特色是路程长、流经范围广，以动脉血滋养全身各部，而将代谢产物和二氧化碳运回心脏。

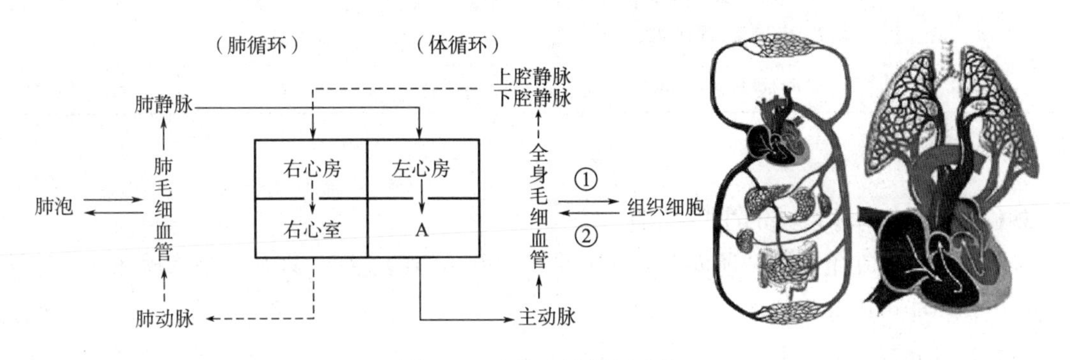

图 5-1　人体血液循环系统

5.1.2.2　肺循环

肺循环又称小循环，其系统中的血管包括肺动脉和肺静脉。与体循环不同的是，肺动脉中的血液为由右心室泵出的含氧少而含二氧化碳较多的静脉血，且肺动脉是人体中唯一运送缺氧血液的动脉。肺循环开始于右心室，右心室的血液经肺动脉至肺泡周围的毛细血管网，静脉血放出二氧化碳，同时吸收肺泡内的氧，在毛细血管中完成气体交换后，静脉血变为含氧多而含二氧化碳较少的鲜红色的动脉血，经肺静脉注入左心房。肺静脉是人体中唯一运送动脉血的静脉。肺循环的特点是路程短、只通过肺，其功能主要为使静脉血转变为含氧丰富的动脉血。

肺脏血液的两个来源是肺动脉和支气管动脉。肺动脉为肺脏提供静脉血，以实现肺进行气体交换的功能；支气管动脉为肺脏提供动脉血，起营养作用。经过肺脏的两条血液循环途径是肺循环和支气管循环。肺循环是指血液从右心室出发，流经肺部后，流回左心房的循环途径。支气管循环是体循环的一部分，为肺提供营养。其循环途径是：左心室→各级动脉→支气管动脉→肺内支气管毛细血管→支气管静脉→各级静脉→右心房。这两条循环途径相互之间并不完全独立，而是存在一定的联系。体循环的支气管静脉在肺泡附近与肺循环的肺小静脉形成血管吻合，使来自体循环的少量静脉血流入肺静脉中的动脉血，最终使主动脉血液中掺入了少量静脉血（表 5-1）。

除体循环和肺循环外，还有为心脏自身提供营养物质和氧并带走代谢产物的冠状循环，是血液直接由主动脉基部的冠状动脉流向心肌内部毛细血管网，并最终由静脉流回右心房的一种循环。

表 5-1 体循环和肺循环对比

对比项	体循环	肺循环
起点	左心室	右心室
终点	右心房	左心房
血液变化	动脉血变静脉血	静脉血变动脉血
生理功能	为各个器官组织和细胞提供氧和营养物质，并带走二氧化碳、尿素等代谢产物	气体交换，获得氧气，排出二氧化碳
联系	二者同时进行，在心脏汇合成一条完整的循环体系，保证机体新陈代谢的进行，维持机体生命	

5.1.3 血液循环系统的生理功能

血液循环系统在生命活动所涉及的几大系统中所承担的主要生理功能是物质和能量运输，因此其生理功能可以分为以下几个方面。

（1）物质运输。物质运输是血液循环系统的主要生理功能。血液中含有各种各样的营养元素和物质，这些物质和元素溶解于血液中，通过血液循环系统到达身体内各个器官和组织，为各个器官和组织的生命运动提供能量，同时溶解在血液中的氧气也通过血液循环进入身体各个器官进行氧化反应，通过这种氧化反应实现电子传递和能量交换。细胞、组织和器官吸收氧和营养物质后完成氧化反应会产生二氧化碳、尿素等物质，这些物质进入血液，经血液循环系统排出体外。

（2）能量的传递和获取。体内各器官、组织和细胞的活动需要不断供给氧气与营养物质，氧气来自肺泡，营养物质来自小肠黏膜的吸收。血液循环系统为远离肺与肠的器官及组织获得物质。血液经肺循环获得氧，经体循环获得小肠吸收的营养物质，富含氧和营养物质的动脉血流经毛细血管并被输送到全身各器官与组织，维持正常的机能活动。

（3）疾病的预防。机体的一些疾病与血液循环状态有关，血液循环异常引起的疾病比较多，其原因是血液里垃圾和毒素因血液循环不好，导致不能及时清理出去，长期积累下来形成一些疾病。常见疾病有高血压、冠心病、静脉曲张、神经官能症、心肌梗死、脑出血等，所以对于上述因血液循环不畅引起的一些疾病可以从改善血液循环上进行预防和治疗。

5.2　血管

5.2.1　血管的结构

除毛细血管和毛细淋巴管外，血管壁由内膜、中膜和外膜三层构成，同时血管壁内还分布有营养血管和神经（图 5-2）。

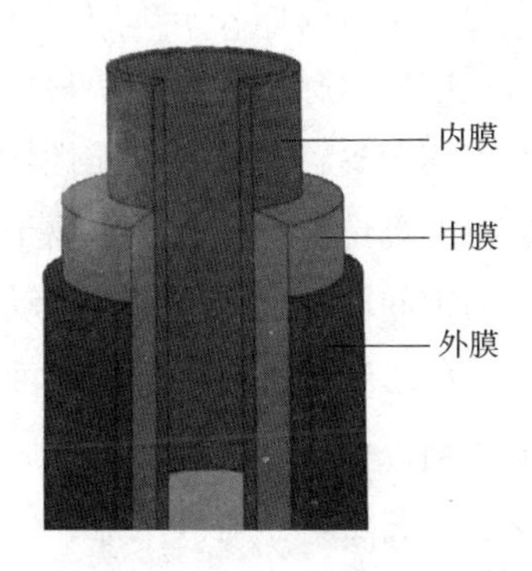

图 5-2　天然血管三层结构示意图

内膜（tunica intima）是管壁的最内层，由内皮和内皮下层组成，是三层中最薄的一层。内皮为衬贴于血管腔的单层扁平上皮。内皮细胞长轴多与血液流动方向一致，细胞核居中，核所在部位略隆起，细胞基底面附着于基板上。内皮下层是位于内皮和内弹性膜之间的薄层结缔组织，内含少量胶原纤维、弹性纤维，有时有少许纵平滑肌，有的动脉的内皮下层深面还有一层内弹性膜，由弹性蛋白组成，膜上有许多小孔。在血管横切面上，因血管壁收缩，内弹性膜常呈波浪状。一般以内弹性膜作为动脉内膜与中膜的分界。

中膜（tunica media）位于内膜和外膜之间，其厚度及组成成分因血管种类而异。大动脉以弹性膜为主，间有少许平滑肌；中动脉主要由平滑肌组成。血管平滑肌可与内皮细胞形成肌内皮连接，平滑肌可借助于这种连接，接受血液或内皮细胞的化学信息。中膜的弹性纤维具有使扩张的血管回缩的作用，胶原纤维起维持张力的作用，具有支持功能。

外膜（tunica adventitia）由疏松结缔组织组成，其中含螺旋状或纵向分布的弹性纤维和胶原纤维。血管壁的结缔组织细胞以成纤维细胞为主，当血管受损伤时，成纤维细胞具有修复外膜的能力。有的动脉中膜和外膜的交界处，有密集的弹性纤维组成的外弹性膜。

管径 1mm 以上的动脉和静脉管壁中，都分布有血管壁的小血管，称营养血管。这些小血管进入外膜后分支成毛细血管，分布到外膜和中膜。内膜一般无血管，其营养由腔内血液直接渗透供给。血管壁内还包绕着大量的网络神经丛，神经纤维主要分布于中膜与外膜交界处，部分神经可伸入中膜平滑肌层。一般而言，神经在动脉特别是中小动脉中分布最为丰富。

5.2.2　血管的分类及特点

5.2.2.1　动脉

动脉是运送血液离开心脏由心室发出的血管，在行程中断分支，形成大、中、小动脉。动脉由于承受较大的压力，管壁较厚，管腔断面呈圆形。动脉壁由内膜、中膜和外膜构成，内膜的表面，由单层扁平上皮（内皮）构成光滑的腔面，外膜为结缔组织，大动脉的中膜富含弹性纤维，当心脏收缩射血时，大动脉管壁扩张，当心室舒张时，管壁弹性回缩，继续推动血液；中、小动脉，特别是小动脉的中膜，平滑肌较发达。在神经支配下收缩和舒张，以维持和调节血压以及调节其分布区域的血流量。

动脉又可具体分为主动脉、头颈部动脉、上肢动脉、胸部动脉、腹部动脉、盆部动脉、髂外动脉和下肢动脉。

5.2.2.2 静脉

静脉是血液循环系统中引导并输送血液回心脏的血管，小静脉起于毛细血管网，行程中逐渐汇成中静脉、大静脉，最后开口于心房。静脉因所承受压力小，故管壁薄、平滑肌和弹性纤维均较少，弹性和收缩性均较弱，管腔在断面上呈扁椭圆形。静脉的数目较动脉多，由于走行的部位不同，头颈、躯干、四肢的静脉有深、浅之分，深静脉与同名的动脉伴行，在肢体的中间段及远侧段，一条动脉有两条静脉与之伴行。体静脉中的血液含有较多的二氧化碳，血色暗红。肺静脉中的血液含有较多的氧，血色鲜红。小静脉起于毛细血管，在回心过程中逐渐汇合成中静脉、大静脉，最后注入心房。静脉壁上有静脉瓣，尤其下肢静脉中较多而发达，它能防止血液倒流，使血液向心脏流动。但腹腔内的大静脉，如门静脉，上下腔静脉无静脉瓣，可因腹内压高低影响向静脉回血。大循环的静脉可分为上腔静脉系、下腔静脉系和心静脉系。其中上腔静脉系包括头颈部静脉、上肢静脉、胸部静脉；下腔静脉系包括腹部静脉、盆部静脉、下肢静脉。

5.2.2.3 毛细血管

毛细血管是连接微动脉和微静脉的血管，其管径最细（平均为 6~9μm），且分布最广。它们分支并互相吻合成网。管壁薄，通透性强。其功能是利于血液与组织之间进行物质交换。各器官和组织内毛细血管网的疏密程度差别很大，代谢旺盛的组织和器官如骨骼肌、心肌、肺、肾和许多腺体，毛细血管管网很密；代谢较弱的组织如骨、肌腱和韧带等，毛细血管网则较稀疏。毛细血管数量很多，除软骨、角膜、毛发上皮和牙釉质外，遍布全身。毛细血管内血液流速慢，弹性小，通透性大。这些特点有利于血液与组织之间充分进行物质交换。

动脉、静脉、毛细血管连接示意图如图 5-3 所示，血管分类及其特点见表 5-2。

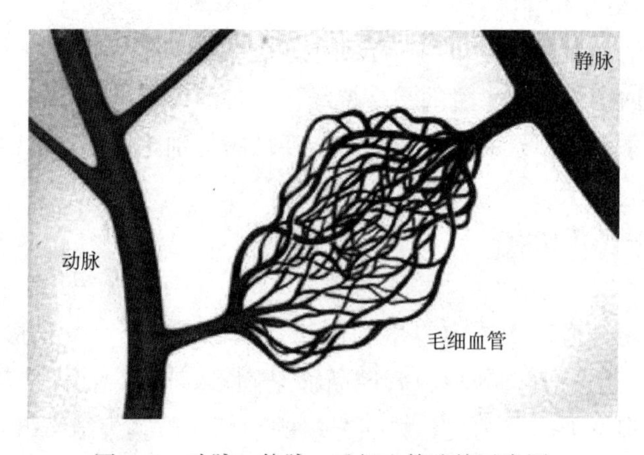

图 5-3　动脉、静脉、毛细血管连接示意图

表 5-2　血管分类及其特点总结

血管分类	生理功能	分布范围	结构特点	血流速度
动脉血管	将心脏泵出的血液输送到全身各处	主要分布在身体较深的部位	管壁较厚，弹性大，管腔较小	快
毛细血管	进行气体和物质交换，连接动脉血管和静脉血管	数量多，分布广	管壁仅由一层上皮细胞构成，非常薄，因此管腔非常小，仅允许红细胞单行通过	最慢
静脉血管	把完成气体和物质交换的血液从全身各处导出毛细血管并输送回心脏	部分分布较深，与动脉血管平行，部分分布较浅	管壁较薄且弹性小，管腔较大	慢

5.3　人工血管

5.3.1　人工血管的简介

由先天性缺陷、遗传、年龄、性别、生活习惯等因素所导致的各类血管疾病的发病率不断上升，严重威胁着人类的生命。有些血管疾病可通过药物达到治疗的目的，而有相当一部分的血管疾病必须通过手术干预（图 5-4～图 5-6）。比如病变后血管壁弹性丧失，变得薄弱，在长期承受压力作用下发生扩张，产生血管瘤样病变，甚至造成破裂而出血；病变使管腔狭窄，继而发生受供器官或者肢体的缺血甚至坏死；病变使血管内膜损伤后诱发血管内凝血，血栓形成，继而发生器官或组织缺血，或血栓脱落后阻塞远端管腔；以及急性动脉栓塞等疾病。手术干预包括利用人工血管对栓塞、破损等不能正常供血的血管进行置换、搭桥等。

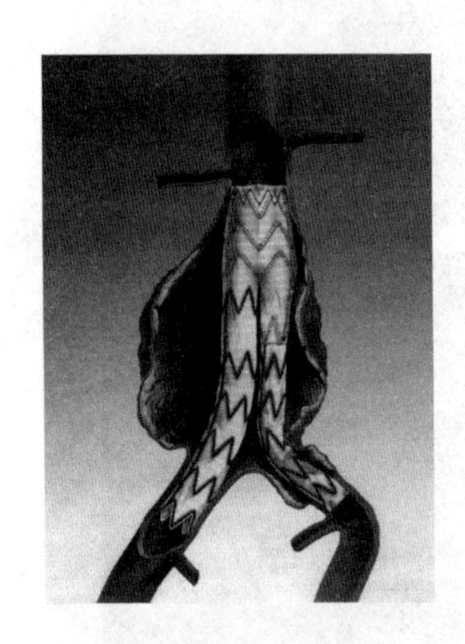

图 5-4　动脉瘤及其治疗

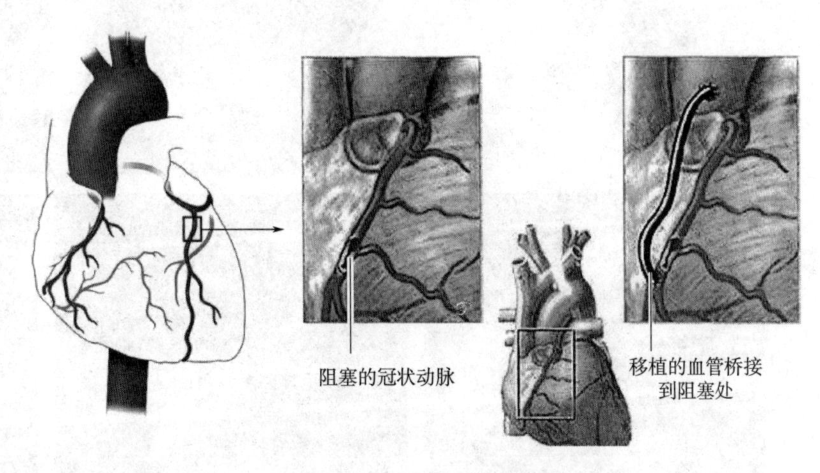

图 5-5　冠状动脉堵塞搭桥

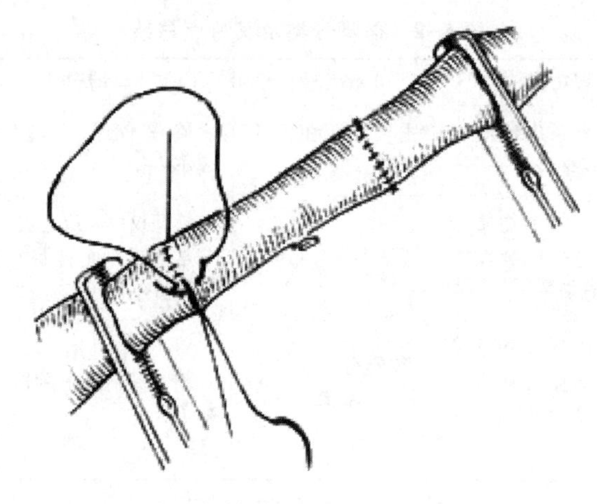

图 5-6　人工血管替换病变血管的缝合示意图

人们通常将治疗血管疾病的管状医疗器械称为人工血管（也称人造血管），根据具体的用途及形式的不同，人工血管分类如下。

（1）腔内隔绝术用人工血管。它一般由管状织物与金属支架复合而成，包括金属支架、管状织物以及将二者结合起来的缝合线。其中金属支架的材料可以是不锈钢、镍钛诺或者耐蚀游丝合金；管状织物的材料可以是涤纶、聚四氟乙烯（PTFE）、膨体聚四氟乙烯（ePTFE）或者聚丙烯。

（2）用于置换或搭桥的人工血管。它可通过机织、针织、非织造方法、冷冻干燥、天然血管脱细胞技术、浸渍涂层等方法来制备（图 5-7）。近几十年来，随着工程技术和材料科学

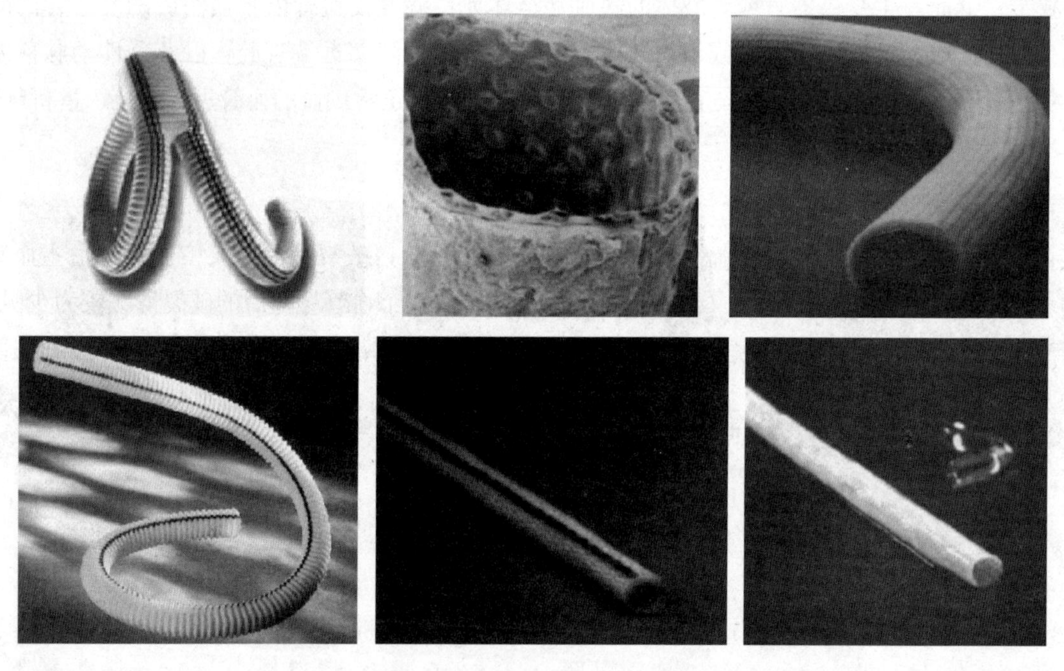

图 5-7　不同类型的人工血管

的进步，中大口径的人工血管已有商业化的产品并成功用于临床，比如纺织结构的涤纶人工血管以及膨体聚四氟乙烯（ePTFE）人工血管。遗憾的是，到目前为止，还没有小口径人工血管真正应用于临床，非织造方法所制备的材料因具有纤维粗细可控、合适的孔隙率及孔结构等特点被广泛用于小口径人工血管的制备。

5.3.2 小口径人工血管的性能要求

在设计制备中大口径的人工血管时，应从力学性能、过流表面形貌、孔隙率、顺应性、抗弯折能力、几何形状、生物相容性等方面进行考虑。同大口径人工血管类似，临床上对小口径人工血管的选取和制备工艺也具有一系列的要求，综合而言，基本可分为：孔隙率、力学性能、顺应性、生物相容性、可降解性、可灭菌性。

5.3.2.1 孔隙率

在制备人工血管时，无论使用什么类型的材料以及制备工艺，在管壁的构造过程中都应具备合适的孔隙率。将人工血管植入生物体内后，管壁会吸附大量血浆蛋白，从而形成假膜，如果人工血管的孔隙率低于最低标准，机体则仅能依靠血管内表面表层的血液弥散维持人工血管新内膜营养，不能为新生内膜新陈代谢提供足够的营养成分和氧气，从而导致新生细胞死亡，蛋白质变性裂解，留下的细胞碎片易引起局部吞噬和活化反应，促进成纤维细胞和平滑肌细胞移行增生，血管内膜不断增厚，最终将导致所移植的人工血管出现狭窄甚至闭塞。相反，如果人工血管的孔隙率过高会导致血液渗漏，从而在人工血管周围形成血肿或假性动脉瘤，导致移植的失败。

5.3.2.2 力学性能

人工血管作为人体血管的替代品，在承受血流冲击作用的情况下，应能够不破裂、不变形。有些人工血管移植后，因为强度问题而容易导致血管变形甚至破裂等问题，主要有三种情况：人工血管膨胀、破裂以及术后吻合口破裂。一旦出现以上情况，血液将会渗入内脏，造成严重内出血，不仅无法治疗原有的疾病，而且直接危害到被移植有机体的生命安全。人工血管膨胀的主要原因是人工血管材料的结构疲劳；吻合口破裂是因为人工血管与宿主血管吻合处张力过高，而人工血管又缺乏良好的机械强度；人工血管移植后的破裂情况较为少见，但有时也会因为手术钳或者高压消毒等原因导致人工血管的破裂。总体来说，大部分破裂问题是由人工血管材料或结构的稳定性降低而引起的，因此，理想的人工血管材料首先应当具有良好的强度和耐疲劳性。

5.3.2.3 顺应性

天然血管会随着血流周期性脉动而出现有规律的扩张—收缩行为，这对维持血流的稳定性起到至关重要的作用。随着血液流动所产生的压力而相应地收缩或者舒张的能力，称为血管的顺应性。顺应性值通常由下式计算得出，其中 D_2 和 D_1 分别表示压力为 P_2 和 P_1 时血管的管径。

$$C=\frac{D_2-D_1}{D_1(P_2-P_1)}\times 10^4$$

人工血管也应当具有合适的顺应性，其顺应性越好，人工血管的弹性和可持续扩张的程度越大；反之，顺应性越差，人工血管可扩张度越小，血管越硬，弹性越差。目前临床使用的各种人工血管的顺应性普遍较低，与天然血管还有较大差距。人工血管移植后，其顺应性与天然血管不匹配会导致在吻合处出现局部血液的紊流，造成天然血管中内皮细胞的损伤、成纤维细胞和血管平滑肌细胞的增殖，引起内膜增生、管腔狭窄甚至闭塞等问题，最终导致移植失败。因此，开发顺应性与天然血管相匹配的人工血管，对于提高手术移植的成功率具有十分重要的意义。

5.3.2.4 生物相容性

生物相容性是指生命体组织对非活性材料产生反应的一种性能，一般是指材料与宿主之间的相容性。人工血管的生物相容性包括细胞相容性、组织相容性和血液相容性三个基本方面。人工血管植入生物体后，如果所使用的材料没有很好的生物相容性，那么材料会直接引发细胞和机体对人工血管的间接排斥从而产生毒性反应，同时，大量的蛋白质会直接吸附在人工血管内表面，激活血液的凝集系统，引发血小板的聚集，由此直接导致血栓的产生和形成，最终导致人工血管移植的失败。因此，良好的生物相容性仍然是人工血管材料成功移植的一个重要因素。

5.3.2.5 可降解性

可降解性主要是针对采用组织工程或组织再生治疗原理的小口径人工血管而言的，其植入体内后首先起到供修复细胞黏附、生长的支架作用，为血管的重建提供暂时的物理支撑，随着人工血管材料在体内逐渐降解和被吸收，受损血管逐渐被修复，或者新血管逐渐再生。这就要求人工血管应具有合适的降解速率。若降解太快，必然会导致其力学性能的损失，在新组织再生之前不能起到支撑作用；若降解太慢，则不利于新组织的再生及重塑。因此，人工血管的降解性能尤为重要。材料的亲疏水性、分子量、外观形态、结晶度、玻璃化温度、化学结构和组成、物理化学因素都能够影响其生物降解性能。

5.3.2.6 可灭菌性

对人工血管灭菌处理的目的在于尽可能减少或除去血管上所带有的病原微生物，避免人工血管在植入患者体内后，因为遭受致病微生物的感染，从而导致移植手术的失败。因此，无菌处理对人工血管的临床应用也是至关重要的。常用的灭菌方法基本上有以下几种：高压蒸汽灭菌、辐照灭菌、环氧乙烷灭菌、电子束灭菌、干热灭菌、紫外线灭菌、等离子体灭菌、臭氧灭菌等。人工血管材料应能够承受至少以上一种灭菌方法。

5.4 非织造人工血管的制备方法

人工血管的制备方法包括：热诱导相分离技术、静电纺丝法、熔融纺丝法、冷冻干燥、溶剂浇铸颗粒沥滤技术（溶剂浇铸颗粒浸出法）、脱细胞方法、细胞自组装技术、3D生物打印等。在上述提到的方法中，本书仅对以下几种非织造制备方法进行介绍。

5.4.1 静电纺丝法

静电纺丝简称为电纺，其基本原理是利用聚合物溶液或熔体在电场力的作用下喷射纺丝。通过在注射针尖施加高压电使聚合物溶液或熔体承受电场力的作用，当所施加的电压使其电场力大于液滴的表面张力时，液滴逐渐被拉长，当电压达到某一临界值时，在针尖形成稳定的锥形液滴——泰勒锥，液体流喷出于锥尖，在喷出过程中液体细流逐渐固化并沉积在收集装置上，根据收集装置形式的不同，获得不同形状的非织造材料。当收集装置是旋转的圆柱形芯轴时，材料脱模后得到管状材料，管状材料的口径可根据旋转芯轴的直径来调节（图5-8）。

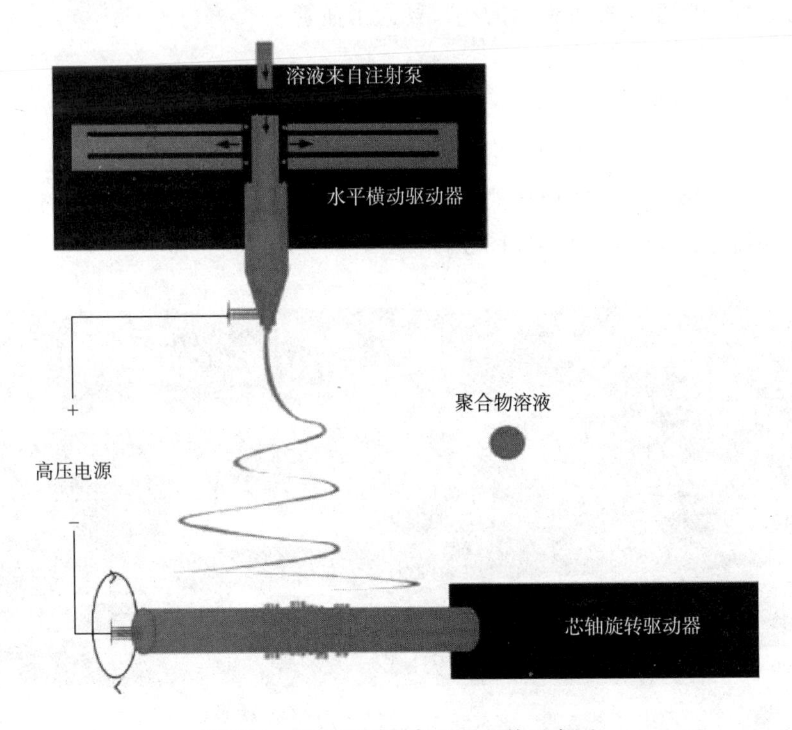

图5-8 静电纺丝制备人工血管示意图

电纺是一种获得超细纤维的有效途径，具有操作方便、易于控制、成本低廉等特性。在实验室里，一套典型的电纺装置只需要一个最大输出电压为30kV的高压电源发生器、一个注射器、一个推进器、一个喷丝针头和一个接收装置即可。电纺可以加工上百种聚合物，在生物医学领域具有很大的应用前景。在过去的几十年里，人们在应用电纺方法制备小口径人工血管方面做了大量的研究，并已取得显著进步，显示了电纺在人工血管领域的发展潜力。

相比其他制备方法所获得的人工血管，电纺人工血管具有以下优点：①机体的细胞外基质是一种三维网络状结构，由直径为50~500nm的黏多糖纤维和蛋白纤维组成，静电纺丝技术制备的纤维直径满足这一范围，能最大限度地模拟体内细胞外基质，促进细胞黏附、生长与增殖，为组织再生提供更好的环境；②可以同时加工多种聚合物，包括天然聚合物、合成聚合物、无机材料，可充分利用原材料的性能优势，制备综合性能更好的管状样品；③可以在纺丝液中添加药物、调控因子等提高人工血管的生物活性；④可以通过改变混合材料的比例和纺丝参数（如电场强度、接收棒转速、接收距离等）来调节样品的性能。

以上优势使得静电纺丝技术在小口径人工血管的应用中呈指数上升趋势。当然，静电纺丝技术也有其自身的缺点，比如静电纺丝所制备的纤维直径是纳米到亚微米级，这就意味着其沉积后形成的人工血管中的孔径偏小，而细胞的尺寸一般在10μm以上，因此静电纺丝人工血管不利于细胞的迁移和浸润；另外，人工血管壁中微/纳米纤维的取向不一致，在一定程度上影响了细胞的生长、增殖以及人工血管的力学性能。研究者们通过使接收棒高速旋转、增加磁场等方式成功制备了纤维取向的小口径人工血管。

5.4.2 熔融纺丝法

这种制备方法要求原材料可制成熔体，即在加热的条件下，达到一定温度范围后原材料可熔融成液态，而后液态的熔体通过喷丝装置纺丝，丝条在冷却固化的同时被卷绕在金属或玻璃芯轴上，脱模后即成管状材料（图5-9）。

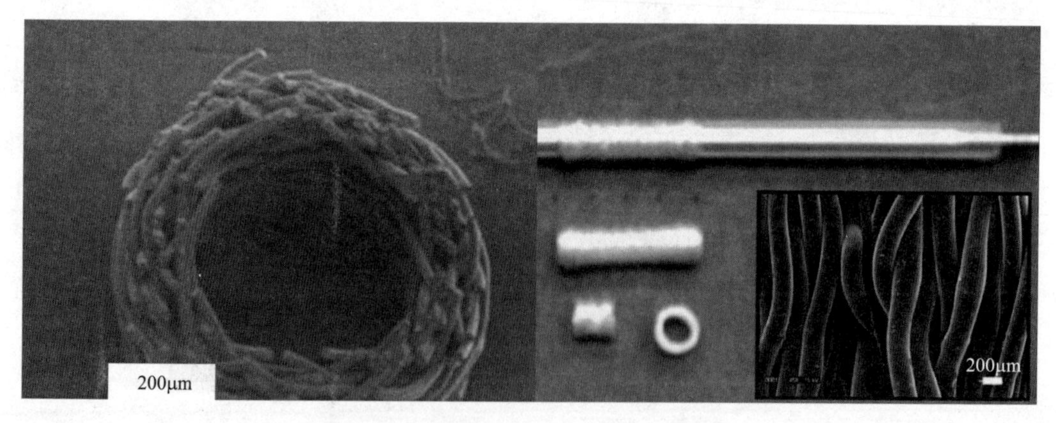

图5-9 熔融纺丝法制备的人工血管形貌

日本东丽株式会社的专利中提到一种熔融纺丝法制备管状材料的方法（图5-10），熔融丝首先在第一旋转轴上成网，而后过渡到第二旋转轴上形成管状，管状材料沿着第二旋转轴的轴向进行拉伸成型后被输送到收集箱中。该设备可生产人工血管的最小口径为10cm。

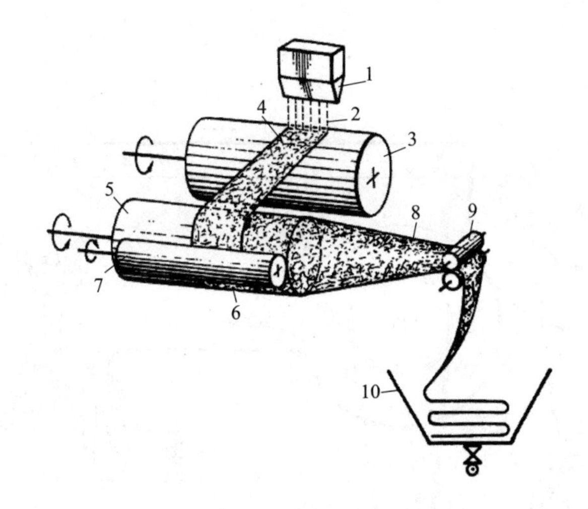

图5-10　熔融纺丝法制备管状材料示意图

1—纺丝喷头　2—熔体细流　3—第一旋转轴　4—纤网　5—第二旋转轴　6—管状纤网
7—加固轴　8—管状非织造材料　9—卷绕罗拉　10—收集箱

该方法的制备效率要高于静电纺丝法，但其对原材料的要求比较高，原料必须是可熔融的，能够在一定温度条件下形成熔融流动的熔体。对于一些熔点在其分解温度之上的聚合物，其熔融前已分解，不能形成一定黏度的、热稳定的熔体，因此该类聚合物不能用熔融纺丝法制备人工血管。

5.4.3　针刺直接成型法

针刺法属于非织造材料的加固方法之一，在非织造行业中，针刺法非织造材料的生产和应用都非常多，一般是先形成一定幅宽的平面非织造材料，然后再根据需要加工制成产品。然而，国外公开的专利中也有利用针刺法直接成型为管状材料的，该管状材料口径可调，可用于制备人工血管。

纤维原料经成网后，卷绕在固定芯轴上形成管状，芯轴上钻有网孔，供刺针穿过，刺针进行上下穿刺时，纤网中的纤维互相缠结，从而具备一定的力学强度。后面喂入的纤网不断地卷绕在纤维管的一端，由于刺针的作用，纤网与已制成的纤维管结合成一体，使管壁逐渐增厚、管长逐渐增加。比如RONTEX针刺机（图5-11），纤网通过传送带1、罗拉2、3、4挤压并转移到传送带5上，而后送入管材成型区域6，其中7为带有针孔的固定芯轴（图5-12），工作时，芯轴固定不转，其带孔根部为针刺区域，工作时针刺头10上的刺针9反复刺入针孔。芯轴两侧的回转罗拉靠摩擦带动芯轴上的纤维管转动，由于芯轴中部螺旋部分的导向作用，纤维管向外输出。纤维管向外输出的同时，纤网不断地输入针刺区域，随纤维管的回转缠绕在芯轴上，并得到针刺加固。因此，纤维管长度不受限制。该设备可生产管状产品的最小口径为4mm，管壁可薄达0.5mm（图5-12中，14、14′为回转罗拉，16、16′为压缩弹簧，17、17′为螺纹手轮，18、18′为万向节，19为剥取罗拉，21为斩刀）。

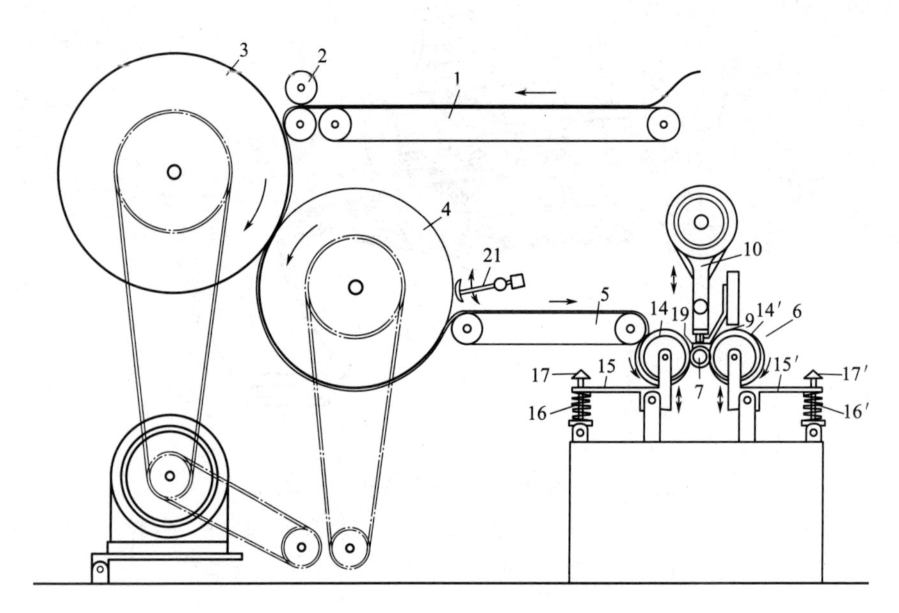

图 5-11　RONTEX 针刺机示意图

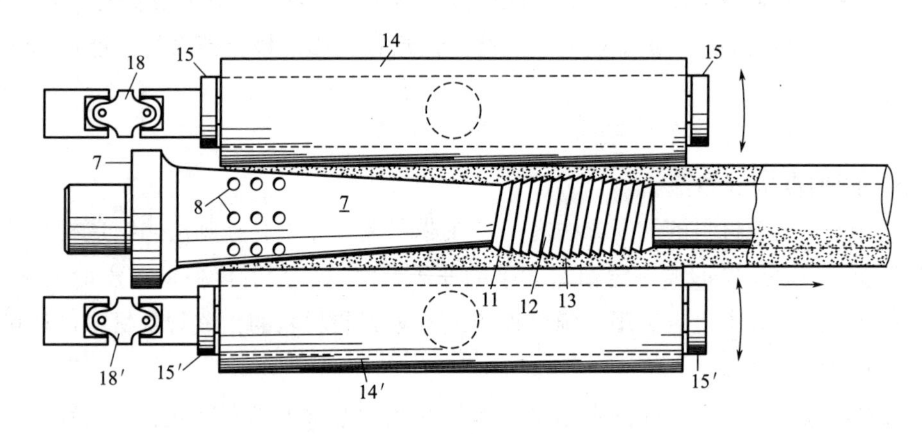

图 5-12　RONTEX 针刺机局部示意图

7—带有针孔的固定芯轴　8—针孔　11—螺旋部　12—锯齿形板　13—顶点　14、14′—回转罗拉　15、15′—铰链轭

还有中国专利公开了一种人工血管的针刺模具，材料制成管状后，可采用如图 5-13 所示的针刺模具对管状材料进行穿刺加固，脱模后即形成具有高耐久抗形变、防止手术时管壁渗血、有利于术后细胞组织顺利长入、提供足够机械强度的人工血管。

以上所列举的方法都属于非织造制备方法，然而对人工血管的性能要求往往需要几种方法复合起来进行制备，比如静电纺丝法与冷冻干燥法、静电纺丝法与熔融纺丝法、静电纺丝法与浸渍涂层法、静电纺丝法与传统纺织方法等诸多复合方法。这里就不再一一赘述。

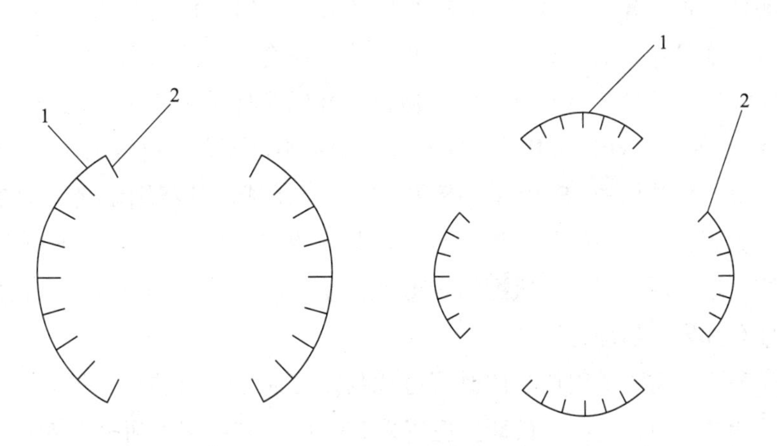

图 5-13　可加工管状材料的针刺模具示意图

1—弧形件　2—刺针

5.5　可用于制备人工血管的原料

目前，适用于制备人工血管的材料很多，可以把这些材料简单地分为两大类，即不可降解材料和可降解材料，其中可降解材料又可分为合成材料、天然材料和杂化材料。

5.5.1　不可降解材料

不可降解材料是一种不能在体内降解的合成材料。如聚酯（PET）、聚四氟乙烯（PTFE）、膨体聚四氟乙烯（ePTFE）、聚氨酯（PU）等。聚酯、聚四氟乙烯、膨体聚四氟乙烯等材料制备的大口径人工血管已有商业化的产品，而这些材料制备的小口径人工血管容易导致血栓形成和内膜增生，研究人员大多数采用材料改性的方法制备小口径人工血管，比如在ePTFE上接枝肝素，将肝素、水蛭素、伊洛前列素等涂覆在人工血管内表面来抑制血小板活化和聚集，以达到预防凝血的目的。此外，还有研究者用透明质酸、纤维蛋白、乙醇等对ePTFE进行处理，以改变其血液相容性或促进其快速内皮化，以达到改善植入后通畅率的目的。

聚氨酯具有良好的生物相容性和优异的弹性，已被广泛用于人工血管材料的研究。聚氨酯微孔小口径人工血管具有良好的透水性、血液相容性以及与天然血管相匹配的顺应性，可显著减少内膜增生。将聚氨酯进行改性或与其他材料复合所制备的小口径人工血管也取得了较好的研究结果，比如用超细丝素改性聚氨酯来提高其组织相容性，在聚氨酯纳米材料上固定肝素和血管内皮生长因子来改善凝血及促进内皮化，用聚己内酯（PCL）、丝素蛋白（SF）等材料与聚氨酯进行复合制备小口径人工血管等。

除了聚氨酯外，近几年有研究者对热塑性聚氨酯（TPU）制备人工血管进行了研究，TPU 所制备的人工血管与天然血管的顺应性相匹配，缝合固位强力及亲水性较好，其降解产物无毒，降解时间较短。TPU 具有良好的生物相容性以及促进细胞增殖的能力，体内实验表明 TPU 的通畅率较高。将 TPU 与其他材料复合后制备小口径人工血管也取得了较好的研究结果。比如，内层由波状结构的 SF/PLA（聚乳酸）纤维组成、外层则由光滑的 TPU 纤维组成的仿生双层人工血管，机械性能与人体天然血管非常相似的 TPU/PCL 人工血管，SF/TPU 人工血管等。此外，还出现了基于聚氨酯的 SPU 人工血管，SPU 长期以来一直被用作隔膜或者瓣膜的材料，具有优异的物理特性。

上述不可降解聚合物主要用作长期血管替代物。然而，理想的小口径人工血管在植入人体一段时间后应能够逐渐降解，并被新生血管取代，因此有更多的研究者对可降解材料应用于人工血管的制备及其性能进行了研究。

5.5.2 可降解材料

生物可降解材料应用于人工血管日益得到重视。目前常见的可降解材料大致分为两类。第一类是人工合成的高分子材料，如聚己内酯（PCL）、聚乙醇酸（PGA）、聚乳酸（PLA）等，这类人工合成的高分子材料的优点是：①随着人体的新陈代谢可以逐步分解成可被人体吸收的小分子，如羟基乙酸、乳酸等；②可以根据人工合成材料的特性，调控其三维结构、降解速率。所以这类材料不仅具有良好的生物相容性，还具有一定的可塑性。当然，这类高分子材料也有制备工艺复杂、价格高昂的缺点。第二类是从天然组织中提取的高分子材料，如丝素蛋白、胶原、明胶、壳聚糖等，这些材料在自然界中分布广泛，一般均具有优良的生物相容性，有利于细胞的附着和生长。

5.5.2.1 人工合成材料

（1）聚己内酯（PCL）。PCL 是美国食品药品监督管理局（FDA）批准的可生物降解的聚合物，被广泛应用于生物医学领域。PCL 是一种半结晶型高聚物，结晶度为 45%左右，其重复结构单元有 5 个非极性亚甲基—CH_2—和一个极性酯基—COO—，结构式为：

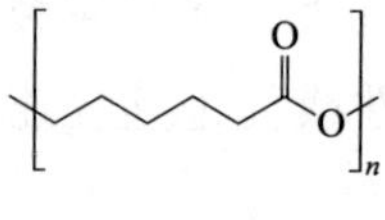

PCL 分子链中的 C—C 键和 C—O 键能够自由旋转，这样的结构使得 PCL 具有良好的柔韧性和可加工性，可以挤出、注塑、拉丝、吹膜等。PCL 具有其他材料所不具备的一些特征，即超低的玻璃化温度（-60℃左右）和低熔点（50~60℃），在室温下呈软玻璃态。同时 PCL 具有很好的热稳定性能，分解温度在 300℃以上。PCL 最大的优点是生物相容性和柔韧性较好。其缺点也比较明显，那就是在生物体内的降解较慢，通常需要 1 年以上的时间才能完全降解，且它的疏水性较强，不利于细胞的黏附、增殖。因此对 PCL 进行改性的研究也很广

泛，比如通过接枝亲水性基团来改善 PCL 人工血管的亲水性。

PCL 人工血管的制备大多采用电纺法，也有湿法纺丝、3D 打印等方法以及几种方法的复合运用。在人工血管的结构设计上多采用双层或多层。比如，湿法纺丝制备内层、电纺制备外层的双层 PCL 人工血管，内层为血管平滑肌细胞的体内再生提供形态学指导，外层的无规纳米纤维可增强力学性能并且能防止植入时和植入后出现渗血情况。也有研究者采用 3D 打印、电纺制备具有三层结构的人工血管，内层由 3D 打印的取向 PCL 纤维组成，中间层由电纺 PCL 纤维组成，外层由电纺 PCL/聚乙二醇纤维组成。此外，PCL 与其他聚合物如明胶、壳聚糖、聚乙二醇等共混后制备人工血管，可改善材料的力学性能、亲水性、降解速率等。

（2）聚乙醇酸（PGA）。PGA 是由 α-羟基酸衍生而来的一种具有良好生物相容性和可降解性的人工合成高分子材料。PGA 是一种简单的线性脂肪族聚酯，具有简单的线性分子结构，结晶度较高，不溶于普通有机溶剂，但溶于六氟异丙醇（HFIP）、邻氯苯酚等强极性的有机溶剂。PGA 的降解速度很快，在体内 6 个月可完全降解，在降解过程中会产生酸性物质，导致局部 pH 过低，不利于平滑肌细胞的增殖、分化，甚至引起局部炎症。

PGA 因其优良的性能在人工血管领域得到了广泛的应用和研究。有研究者用 PGA 制备了内径为 4mm 的人工血管，通过体外接种平滑肌细胞并使其承受生物反应器中脉冲刺激，获得了与天然血管壁密度、结构相似的人工血管，且人工血管内蛋白质沉积水平也很高，其生物力学性能也与天然血管相似。但 PGA 人工血管具有降解速率快、降解过程中产生酸性物质等问题，研究者们通过将 PGA 和其他材料共混的方法进行弥补或改善。

（3）聚乳酸（PLA）。乳酸有两种旋光异构体，即左旋（L）和右旋（D）乳酸，聚合物有三种立体构型：聚左旋乳酸（PLLA）、聚右旋乳酸（PDLA）、聚内消旋乳酸（PDLLA）。我们通常所说的用于生物医用材料的聚乳酸一般指聚左旋乳酸（PLLA）。PLA 是一种半结晶聚合物，熔点在 170~190℃之间，玻璃化转变温度为 55~65℃。表现出良好的生物相容性和生物可降解性，在人体内代谢的最终产物是水和二氧化碳，可被人体吸收或通过代谢排出体外，其中间产物乳酸也是体内糖类正常代谢的产物，不会在重要器官聚集而产生不良反应。经 FDA 批准，PLA 可用作外科手术缝合线、骨折内固定材料及药物控释载体等，因此在医用领域被认为是最有前途的可降解高分子材料。PLA 的分子结构为：

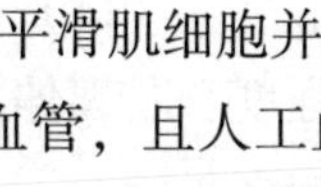

$$\left[-O-\overset{\overset{\displaystyle CH_3}{|}}{CH}-\overset{\overset{\displaystyle O}{\|}}{C}- \right]_n$$

PLA 降解产物含有酸性物质，会引起周围组织液酸度过高而对细胞的生长不利，同时促进周围组织产生炎症反应。同时，PLA 是一种疏水性聚合物，不利于细胞的黏附、生长、增殖。因此，研究者们将 PLA 与天然材料相结合以减少因降解带来的炎症反应，并改善材料的亲水性。比如，将 PLA 与角蛋白、明胶、丝素蛋白、胶原等共混制备人工血管。

PLA 人工血管的制备除电纺法之外，也可采用编织、热诱导相分离等技术。在人工血管的结构设计上，较多采用双层或多层结构。并可对人工血管进行表面修饰，以改善其亲水性、抗凝血性等。此外，研究者们通过将 PLA 与其他人工合成聚合物共混来调节力学性能、降解速率等。

（4）聚左旋乳酸己内酯（PLCL）。PLCL 是丙交酯（LA）和己内酯（CL）发生开环聚合反应得到的共聚物，PLA 由于结晶度较高而缺乏柔韧性和弹性，是一种硬而脆的材料，柔性链段聚合物 PCL 的引入可以改变 PLA 链原有的结晶性质，随着 PCL 含量的增加，虽然共聚物 PLCL 的强度有所下降，但其断裂伸长率显著增加，材料逐渐由脆性向韧性转变。因此，调节共聚物中两种组分的含量比，可调节共聚物的平均相对分子质量、降解速率和力学性能。PLCL 因其良好的生物相容性、生物可降解性能以及力学性能而被广泛应用于人工血管的制备及相关研究。

目前大多数研究者采用电纺的方法制备 PLCL 人工血管，但也有一些研究者采用电纺和其他方法相结合的方法，比如，采用熔融纺丝和电纺相结合的方法来制备 PLCL 人工血管，试验结果表明包含较粗熔纺纤维和较细电纺纤维的双层人工血管有助于形成独特的内皮和平滑肌组织层，从而模仿天然血管的结构。

还有研究者采用凝胶纺丝法、挤出法等将 PLCL 制成小口径人工血管，相关研究表明由该材料制得的人工血管具有良好的拉伸强度和断裂伸长率。此外，PLCL 还可以与其他材料共混制备人工血管。在结构的设计上也是较多采用双层或多层结构。

（5）聚乳酸—羟基乙酸（PLGA）。PLGA 是 PLA 和 PGA 按一定比例聚合而成的生物可降解材料，其力学性能和降解速率介于 PLA、PGA 之间，因此，可以通过调整共聚物的比例来控制力学性能、降解速率、熔点和玻璃化转变温度，达到想要的效果。PLGA 在体内的水解产物为 CO_2 和 H_2O，对组织无毒副作用，且其组织相容性良好，已经被 FDA 批准为缝合线、临时支架和药物输送载体，是一种理想的小口径人工血管的制备材料。在人工血管的制备方法及结构设计上与前述材料类似，不再赘述。

（6）聚癸二酸丙三醇酯（PGS）。PGS 是一种可生物降解的非线性三维网络状热固性聚酯弹性体，起初由 Yadong Wang 等通过将甘油和癸二酸单体熔融缩聚反应而成。PGS 易合成，且合成过程没有任何添加剂和催化剂，反应不产生任何有害气体。PGS 具有很好的弹性、生物相容性和生物降解能力，是典型的生物弹性体，在软组织工程领域具有很大的发展前景。PGS 常温下是无色透明的，具有类似橡胶的性质和外观。PGS 的应力—应变曲线与硫化橡胶相似，表现出非线性应力—应变行为，这是软弹性体材料的典型特征。PGS 具有较低的杨氏模量，介于韧带和肌腱之间，使其力学性能接近于机体软组织。PGS 能够在动态环境中保持变形并从变形中恢复，即由于外部刺激的作用能够在变形后回复其原始状态。PGS 的力学性能可通过改变单体物质比例、固化温度和固化时间来调节。

PGS 是疏水性的，主要通过表面腐蚀而降解，随着时间的推移发生线性质量损失，这可以使聚合物在很大程度上保留其结构完整性和力学性能。PGS 在体内和体外降解存在着很大的区别，移植在大鼠皮下 60 天内被完全吸收，而其薄膜在 PBS 溶液中 60 天内质量损失只有

17.6%。PGS的生物相容性主要还是由其合成单体的生物相容性决定的。PGS由甘油和癸二酸两种单体熔融缩聚而成，长链甘油是脂质的主要组成成分之一，癸二酸是中长链脂肪酸ω-氧化的天然代谢中间产物，并已证明在体内安全。美国FDA已批准将甘油作为食品中的保湿剂，而包含癸二酸的聚合物如聚苯丙生已被批准用于医疗作用，如药物递送系统。已有很多体内外的实验表明，PGS具有很好的生物相容性。

PGS因其优异的弹性、降解性和生物相容性，在人工血管领域具有较为广泛的应用。

5.5.2.2　天然高分子材料

可生物降解的天然高分子材料有一个很大的优点就是比可生物降解的合成材料具有更好的生物相容性，它们在体内降解后不会产生慢性炎症或免疫反应和毒性。这类天然高分子材料主要包括丝素蛋白、胶原、明胶、壳聚糖、弹性蛋白等。通常，这种材料的缺点是力学性能比合成材料差，需要与其他材料复合来提高力学性能。

（1）丝素蛋白。丝素蛋白和丝胶蛋白组成蚕丝，蚕丝又称为茧丝。蚕丝分为家蚕丝（又称桑蚕丝）和野蚕丝，家蚕丝较野蚕丝而言，量大易得，因此得到了较多的研究和应用。本文以家蚕丝素蛋白为例进行介绍，蚕丝一般由占总重量75%左右的丝素蛋白为核心纤维、25%左右的丝胶蛋白为外覆黏结层构成。丝素蛋白以反平行的β-折叠构象为基础，形成直径大约为10nm的微纤维，无数微纤维密切堆积组成直径大约1μm的细纤维，大约100根细纤维沿长轴排列构成直径为10μm的单纤维，即蚕丝蛋白纤维。丝胶包裹两根三角形的单纤维而形成单茧丝。丝胶可以通过脱胶过程与丝素蛋白分离。丝素蛋白由18种氨基酸组成，大约含有46%的甘氨酸、29%的丙氨酸和12%的丝氨酸，这些取代基较小的氨基酸主要位于丝素蛋白的结晶区，而取代基较大的氨基酸如苯丙氨酸、酪氨酸和色氨酸等则主要位于非晶区。丝素蛋白的分子量很大，由三个亚单元组成：①重链（H链）蛋白亚单元，由5236个氨基酸残基组成，平均相对分子量为391kDa；②轻链（L链）蛋白亚单元，由266个氨基酸残基组成，平均分子量为28kDa，与H链以一个二硫键共价结合；③P25蛋白，分子量为25kDa，与L链大小相近，但氨基酸组成则完全不同，作为丝素蛋白的微量成分存在，通过疏水相互作用与重链和轻链相连。

丝素蛋白的构象主要分为三种：无规卷曲、α-螺旋和β-折叠，其中β-折叠构象又分为平行β-折叠和反平行β-折叠两种构象。反平行β-折叠构象中由于分子链段间的组装最好，能量处于最低状态，因此也最稳定。一般经过再加工的丝素蛋白生物医用制品所用的原料都是经过脱胶、溶解、透析、过滤等步骤获得的再生丝素蛋白，其分子构象主要以无规卷曲的形式存在。但无规卷曲并不是热力学上稳定的结构，容易向更稳定的β-折叠构象转变，所以在一定的外界条件下（如冷冻、加热、浓缩、稀释、溶剂处理、改变pH、金属离子、应力作用等），都会诱导丝素蛋白由无规卷曲向β-折叠构象转变。即便不存在任何外源性因素的作用，当丝素蛋白在水溶液中超过一定浓度后，其结构也容易转变成为更稳定的β-折叠结构。一般来说，在丝素蛋白中总是同时含有无规卷曲、α-螺旋和β-折叠这三种构象，而且在一定的外界条件下三者可以互相转化，因此，很难得到完全单一构象的样品，只是在某些条件下可以得到其中一种构象占优势的丝素蛋白样品。

人们对丝素蛋白的结晶性研究中得出了两种结构模型，Silk Ⅰ和 Silk Ⅱ结构，Silk Ⅱ结构为反平行β-折叠构象，而 Silk Ⅰ则是无规卷曲/α-螺旋构象。目前，有研究者又发现了与已被普遍认同的 Silk Ⅰ和 Silk Ⅱ结构不同的一种 3/2 螺旋的左手聚甘氨酸Ⅱ型结构形式，并将其称为 Silk Ⅲ结构，但这种结构被人们普遍接受还需要经过时间的检验。

蚕丝丝素蛋白具有良好的体内、体外生物相容性，适合用作生物材料。蚕丝手术线已成功运用于临床，部分产品已经获得了美国 FDA 的认证。研究发现，蚕丝经过脱胶和消毒处理后其生物相容性与商业化的胶原相当。丝素蛋白材料不会引起明显的免疫反应，有利于多种哺乳动物细胞和人类成体细胞的黏附和生长，包括内皮细胞、成纤维细胞、成骨细胞、软骨细胞、胶质细胞等。丝素蛋白降解的最终产物为氨基酸或寡肽，易被机体吸收，对机体无毒无害。此外，有多种方法可解决丝素蛋白高孔隙率下成型的问题。因此，蚕丝丝素蛋白在人工血管方面具有广阔的应用前景。

用蚕丝制备人工血管的历史始于 1957 年，我国学者冯友贤、钱小萍等人利用真丝设计织造了不同口径的人工血管，1981 年用于临床试验取得了良好的效果，胸主动脉移植 2 年后，通畅率高达 91. 3%；腹主动脉移植 12 年后，通畅率仍保持在 66. 7%；颈总动脉或股动脉移植后 2 周、1 月的通畅率分别是 90%以及 40%。国产人工血管价格便宜，效果好，为当时的血管移植患者提供了福音。此后，利用丝素蛋白及丝素蛋白与其他材料共混制备人工血管的研究层出不穷。所用的制备方法有电纺法、编织法、冷冻干燥法等或多种方法的复合，所制备的样品有单层、双层、三层管状样品。可以通过接枝肝素等方法对人工血管进行表面改性，以改善其抗凝血性。

（2）胶原。胶原（也称胶原蛋白）是细胞外基质的一种结构蛋白质，也是细胞外基质的主要组成成分。胶原呈白色，含有少量的半乳糖和葡萄糖，因其具有良好的生物相容性、可生物降解性以及生物活性（如低抗原性、易被人体吸收、促进细胞的增殖、分化等）在人工血管领域具有广泛的应用。胶原可与其他天然或合成高分子聚合物共混制备人工血管，制备方法多为电纺法，结构的设计上也是以层状结构居多。

（3）弹性蛋白。弹性蛋白是细胞外基质蛋白，为皮肤、动脉、肺、心脏、血管等组织器官提供弹性，非极性氨基酸占弹性蛋白的 95%，甘氨酸含量接近总量的 1/3，脯氨酸占 10%，羟脯氨酸占 1%。尽管胶原蛋白赋予细胞外基质强度和韧性，但弹性蛋白对组织和器官的弹性非常重要，这种弹性主要依赖于细胞外基质中的弹性纤维。弹性纤维具有强回弹性，可以在伸展至自身长度的几倍后收缩至原来长度。例如，它能承受动脉血管中的巨大压力。因此，弹性蛋白被广泛应用于人工血管的制备。

在人工血管的制备方面，弹性蛋白多与其他高分子聚合物共混或者对弹性蛋白进行改性后再制备人工血管。制备方法上，除电纺法以外，有研究者采用电化学方法制备了一种在组成和结构上与天然血管相似的含弹性蛋白的仿生双层胶原人工血管，并研究了不溶性弹性蛋白的掺入对人工血管力学性能和平滑肌细胞反应的影响。结果表明，不溶性弹性蛋白的掺入保持了电化学胶原纤维中的整体胶原排列，且可以改善支架的力学性能，可促进平滑肌细胞的收缩性。

（4）明胶。明胶是一种通过水解胶原蛋白获得的蛋白质，它的自身结构与细胞外基质的结构类似，能够支持细胞的黏附及分化。明胶本身可溶于水，降解产物易被生物体吸收且不会引起炎症反应。因此，明胶具有优良的生物可降解性、生物相容性和与胶原蛋白相当的非抗原性。因此，明胶被广泛应用于生物医学材料领域，包括组织工程、创伤敷料、基因治疗和临床药物载体系统。在人工血管的应用方面，明胶的交联可以提高其稳定性并进一步延长其降解时间。

总体来说，明胶更多用于复合人工血管上，即将明胶与其他材料共混后再制备复合人工血管。结构设计上也是多采用以层状结构。

（5）壳聚糖。壳聚糖是由甲壳素经过脱乙酰反应后得到的产物，是生物学中已发现的少见的碱性氨基多糖。壳聚糖的阳离子特性使其很容易与其他带负电荷的聚合物复合形成复杂的多层结构。壳聚糖来源广泛、储量丰富，无毒，具有良好的生物相容性、生物可降解性和天然抗菌抗肿瘤等优点，在生物医用材料方面有广泛的应用，如医用敷料、缓释凝胶、缓释微球等。

壳聚糖的缺点是机械强度不佳，因此一般与其他高分子材料混合后应用于小口径人工血管的制备。此外，壳聚糖的抗凝血性能较差，这也是限制壳聚糖在血管组织工程应用中的一大因素。因此，许多研究者通过在壳聚糖人工血管表面添加肝素来提高其抗凝作用。

（6）透明质酸。透明质酸是属于糖胺聚糖（GAG）的线性聚合物，是糖类细胞外基质的主要成分。透明质酸与其他天然物质相比具有一些独特的优势，如高度亲水性，不被蛋白质和细胞吸收，可被透明质酸酶降解，降解产物最终将通过多种代谢途径被吸收。

在人工血管的应用方面，有研究者使用透明质酸制备小口径人工血管，并取得了较好的实验结果。

思考题

1. 血液循环系统有哪些功能？
2. 血管有哪些分类？它们分别起什么作用？
3. 血管的结构是什么样的？
4. 哪些疾病需要用人工血管来治疗？
5. 人工血管有哪些临床要求？
6. 人工血管有哪些制备方法？你还能想到其他方法吗？

第6章　口腔修复非织造屏障膜

随着人均寿命的增长，人们罹患各种口腔疾病的风险也随之增加，而口腔卫生与人体健康息息相关。以大家比较熟悉的龋齿为例，在拔除龋齿后，往往要进行牙齿种植。牙齿种植并不是直接在牙槽骨上种植天然的牙齿，而是先将人工生产的牙根植入到牙齿缺失区的牙槽骨内（图6-1）。这种制作人工牙根的材料应具有生物相容性，可与人体的骨质相兼容，在植入一段时间后，人工牙根应可以与周围的牙槽骨紧密结合以达到骨结合，然后再在植入的人工牙根上制作牙冠，以代替天然的牙冠行使相应的功能（图6-2）。然而，临床上往往会出现种植体的松动或脱落现象，除去种植体材料、制作工艺、手术、修复后维护等因素，患者缺牙区牙槽骨骨量的不足是导致种植体松动或脱落的一个非常重要的因素，所以提高种植牙远期保存率的首要条件是保证种植区域牙槽骨骨量的充足。

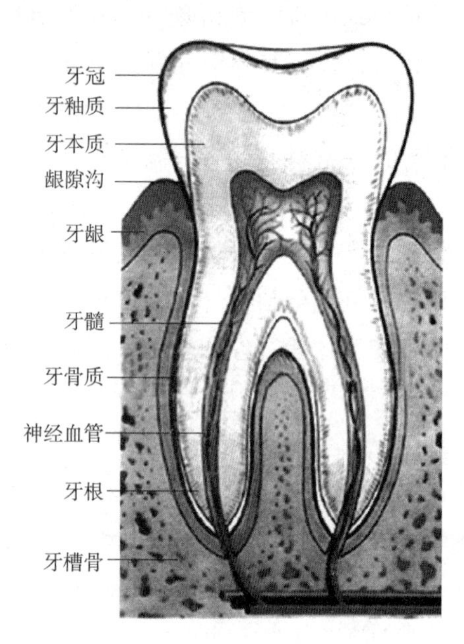

图6-1　牙齿结构示意图

骨组织缺损的修复通常是从缺损的边缘开始，骨细胞在骨的表面形成网状骨，逐渐向缺损的中央扩展，修复速度取决于再生血管化和成骨恢复的速度以及骨缺损区域的大小。但是纤维结缔组织和上皮组织的生长速度往往快于骨组织的生长速度，如果骨缺损的空间主要由纤维结缔组织占据，则影响缺损的骨性修复。因此，在骨修复的过程中用生物膜覆盖新鲜骨缺损创面，形成一道屏障，阻止成纤维细胞和上皮细胞长入，同时固定血凝块使其稳定不脱落，维持骨生成空间，允许骨生成细胞缓慢生长，完成骨缺损修复。

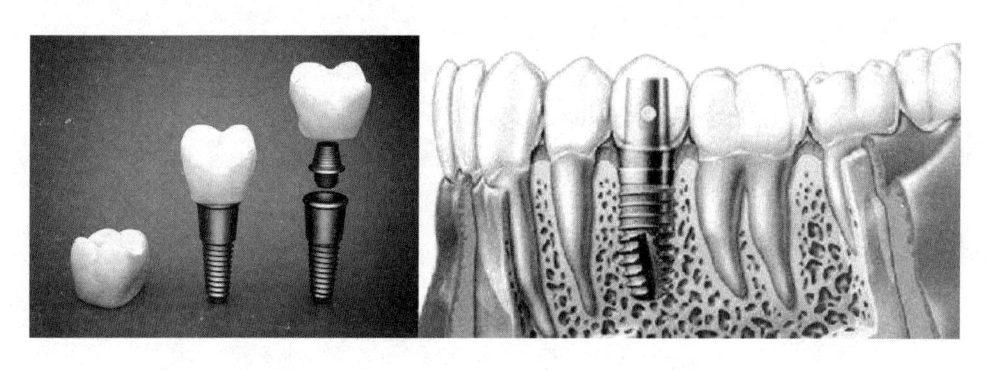

图6-2　种植牙及种植后示意图

引导骨再生技术（guided bone regeneration，GBR）正是利用在骨缺损区覆盖一层屏障膜形成骨面封闭，保护预期成骨的空间，减缓覆盖组织的压力，阻挡干扰骨形成的迁移速度较快的组织细胞进入骨缺损区，而允许具有生长潜力的前体成骨细胞进入骨缺损区进行生长改建，从而诱导缺损区骨修复性再生，形成新骨，增加种植区域的牙槽骨骨量，达到增加牙种植修复成功率的目的。GBR 是在引导组织再生（guided tissue regeneration，GTR）的基础上提出的。GTR 是采用外科方法来放置一个可选择性分隔不同牙周组织的物理屏障，阻止牙龈上皮组织细胞和结缔组织细胞向根面生长，形成一定空间，诱导牙周膜细胞的冠向移动及生长分化，实现牙槽骨、牙周膜及牙骨质的再生，从而形成牙周的新附着位点。而 GBR 指的是单纯促进骨再生，引导骨再生术中的材料主要是由骨移植块和屏障膜组成，其所实现的主要目的是在缺损处使用膜材料以维持空间，促进成骨细胞的长入并防止不想要的细胞从上面覆盖的软组织迁移至伤口。GBR 技术用膜和骨移植块排除了快速增长的上皮和结缔组织细胞，使得更缓慢移动的多功能干细胞和成骨细胞能在引导骨再生治疗位点上重新增殖。

临床应用中发现，采用 GBR 技术后缺牙区牙槽骨骨量得到明显的增加。近年来，大量的动物研究也证实了 GBR 技术用于骨缺损区骨组织的改建，能增加牙槽骨宽度、高度及丰满度，且在牙槽骨周围形成的骨组织与种植体之间能形成良好的骨结合，这为 GBR 技术在口腔种植修复领域的应用及发展奠定了重要的理论基础。

GBR 技术中的材料主要是由骨移植块和屏障膜组成，这层屏障膜可以采用非织造方法制备，本章将简要介绍牙槽骨等医学知识以及非织造屏障膜。

6.1　牙槽骨组织的生物学特点

牙位于牙槽窝中，通过牙周膜与牙槽骨相连。牙周膜为纤维性结缔组织，主要由胶原纤维构成，其主纤维束一端埋入牙槽骨，另一端埋入牙骨质内。牙槽骨的健康状况直接影响到牙的留存。

6.1.1　牙槽骨的生物学特征

牙槽骨是颌骨包围牙根的突起部分，又称为牙槽突。牙槽骨是高度可塑性组织，也是全身骨骼中变化最活跃的部分，它的变化与牙齿的发育和萌出、乳牙替换、恒牙移动和咀嚼功能均有关系。在牙齿萌出和移动的过程中，受压力侧的牙槽骨骨质发生吸收，而牵张侧的牙槽骨骨质新生。临床上即利用此原理进行牙齿错𬌗畸形的矫治。生理状态下，牙齿因𬌗面磨耗及邻接面的磨耗而不断发生生理性的移位，牙槽骨也随之不断地进行着吸收和增生的改建。不同部位的牙槽骨其结构不尽相同，上颌牙槽骨的唇侧面骨皮质很薄，而且有许多血管和神经穿过；下颌牙槽骨唇侧面骨皮质厚而致密，特别是外斜线所在部位，血管和神经又少，相对组织改建缓慢，这样在进行牙齿移动或扩弓时，上下颌牙齿的移动就有差别。此外，个体差异及年龄变化也会对牙槽骨代谢的活跃程度产生影响，从而影响牙齿移动。

6.1.2 牙体组织

6.1.2.1 牙骨质

牙骨质覆盖在牙根表面，与牙周膜、牙槽骨的关系十分密切，牙骨质的硬度与骨接近，在化学组成上，45%~50%为无机盐，50%~55%为有机物和水。无机成分主要以羟基磷灰石形式存在，有机成分主要为胶原和粘多糖。

与骨组织相似，牙骨质的钙化基质呈层板状排列，其陷窝内有牙骨质细胞。在生理状态下，牙骨质有不断新生的特点。埋入牙骨质中的牙周膜纤维可因牙齿功能的需要而发生改变和更替，新形成的牙周膜纤维可由于新的牙骨质沉积而附着于牙齿，代替老的纤维。另外，对于根面小范围的吸收或牙骨质折裂，也可通过新的牙骨质沉积而修复。牙齿切缘及咬合面的磨耗也由于根尖牙骨质的继续沉积而得到补偿。

6.1.2.2 牙本质

牙本质包绕髓腔，是构成牙体组织的主要成分，在牙冠部外覆牙釉质，牙根部被牙骨质覆盖。牙本质有一定弹性，硬度高于骨和牙骨质。牙本质的化学成分中有机成分占18%，无机成分占70%~75%，剩余部分由水组成。有机成分中胶原占93%，无机成分主要以羟基磷灰石形式存在。

6.1.2.3 釉质

釉质是人体内硬度最高的矿化组织，但是它的组织来源不同于其他矿化组织，釉质来源于釉上皮。尽管组织来源不同，但是釉质的形成过程与其他矿化组织一样，经过成釉细胞分泌基质、基质矿化两个阶段。按重量计，釉质中96%~97%为无机物，有机成分低于1%。按体积计算，无机物、有机物和水的比例为86∶2∶12。无机物中绝大部分为羟基磷灰石，但是氟离子可以代替羟基使其转化为氟磷灰石，氟磷灰石在酸性环境中的溶解度低于羟基磷灰石，因此对龋齿预防有重要意义。

6.1.3 牙周膜

牙周膜又称为牙周韧带，是位于牙根和牙槽骨之间的结缔组织，主要连接牙齿和牙槽骨，使牙齿得以固定于牙槽骨内并可调节牙齿所承受的咀嚼压力，具有悬韧带作用。牙周膜中的细胞成分是细胞因子等生物活性物质的主要来源，对牙周组织的改建起重要的调节作用。

6.1.3.1 牙周纤维

牙周膜是纤维性结缔组织，由细胞、纤维及基质组成，在牙周膜内分布着血管、淋巴及神经，并有牙齿形成中的上皮剩余。牙周膜内的纤维主要为胶原纤维，少量弹性纤维只见于血管壁。主纤维束一端埋在牙骨质中，另一端埋在牙槽骨中，称为沙比纤维（Sharpey's fiber）。牙周膜中存在多种胶原，目前已发现Ⅰ、Ⅲ、Ⅴ、Ⅵ、Ⅻ、ⅩⅢ型。牙周膜在牙槽骨组织的改建过程中也在发生着改建。

6.1.3.2　牙周膜中的重要细胞成分

牙周膜内存在多种细胞，某些细胞具备向牙骨质细胞和成骨细胞分化的潜能，成纤维细胞可以分泌基质合成胶原，因此，牙周膜自身具备再生能力。牙周膜中的成纤维细胞位于纤维和基质之间，其功能是分泌胶原，合成基质。牙周膜成纤维细胞不同于牙龈成纤维细胞，属于外胚间充质细胞，其增殖能力更强，表达碱性磷酸酶活性和环磷酸腺苷更强。牙周膜中还存在未分化的干细胞，它们具有分化为成骨细胞、成牙骨质细胞和成纤维细胞的能力。这些未分化的干细胞多位于血管周围或骨内膜周围，随着干细胞的分化逐渐向骨或牙骨质表面迁移。

6.1.3.3　基质

在牙周膜中，细胞、纤维、血管及神经之间的空隙均为基质所充满，基质的主要成分为黏蛋白和糖蛋白。牙周膜中的胶原纤维、蛋白糖原和组织液在牙齿承受咀嚼力时构成缓冲系统。

牙周膜是多种重要细胞的来源，从结构和功能上看，牙周膜可以说是牙骨质与固有牙槽骨的骨膜，其中成纤维细胞对牙周膜胶原纤维的生成和更新起着重要作用，成骨细胞产生新骨，使新生的牙周膜纤维得以重新附着，保持牙齿与牙周的正常联系。成牙骨质细胞可以形成新的牙骨质，对牙骨质的修复起重要作用。

6.2　骨细胞的种类及功能

骨组织由四种细胞构成（图 6-3），成骨细胞、破骨细胞、骨衬里细胞都存在于骨的表面，而骨细胞则被包埋在钙化的骨基质中。成骨细胞、骨衬里细胞和骨细胞都来源于局部骨生成细胞，而破骨细胞则是由造血组织中的单核细胞融合而成。

6.2.1　成骨细胞

成骨细胞为高度分化的细胞，主要功能是形成骨基质，因此表现出典型的产生蛋白质的细胞特性。成骨细胞有丰富的内质网和发达的高尔基体。它分泌 I 型胶原和骨基质中的非胶原蛋白。目前从骨基质中分离出多种非胶原蛋白，但是对它们的作用机制有待进一步的认识。成骨细胞参与调节骨基质的钙化，但机制还不十分清楚。

在松质骨，钙化是从成骨细胞膜上出芽脱落于骨基质的小胞开始，这与软骨钙化的情况相似；而在层板状骨，钙化机制似乎不同，钙化从重叠的胶原纤维分子形成的小孔开始，而且始于胶原分子自身的成分或该处的非胶原蛋白。

无论哪种机制，胶原都是钙化的模板，因此，在成骨细胞下面总存在一层类骨质基质，矿化的基质逐渐包围成骨细胞，使其成为新一层的骨细胞。矿物盐沉积使骨失去通透性，为了确保代谢通道，骨细胞在矿化之前就与邻近的细胞建立了多条细胞突触的连接。骨细胞是

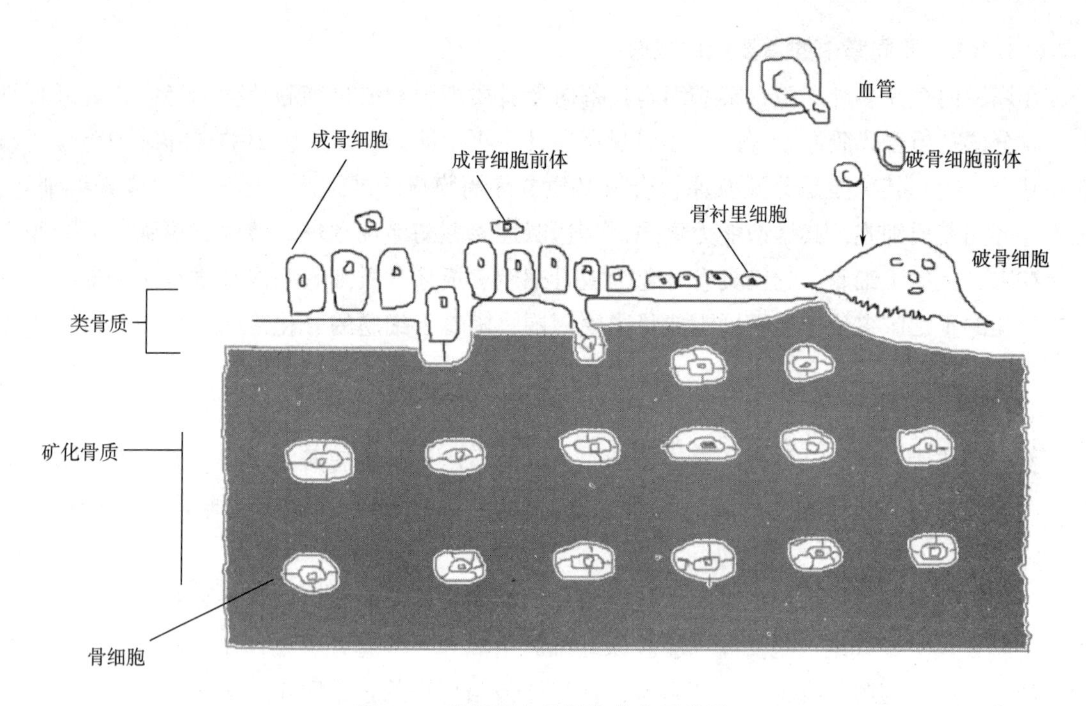

图 6-3　骨组织中的细胞分布示意图

埋于骨基质的退化的成骨细胞，并负责维持骨基质，在一定限度内可形成骨基质又可吸收骨基质。每个骨细胞在骨基质内占据一个骨陷窝，细胞突起放射性地分布于骨基质中，与相邻细胞以间隙连接的形式相连。细胞突起的这种接触，在营养与代谢物质传输较为困难的钙化骨基质中起着相邻细胞间、骨内外表面间的信息传递，以及从血管向骨基质输送营养的通道作用。从骨细胞的形态上可判断出该细胞的功能状态，具有骨基质生成作用的骨细胞还保留有许多成骨细胞的特点，细胞器发达；而具有溶骨作用的骨细胞则出现巨噬细胞的一些特征，胞浆内可见溶酶体小泡。

6.2.2　骨衬里细胞

骨衬里细胞是长形不活跃的扁平细胞，覆盖于骨表面，既无骨形成功能也无骨吸收功能，由于功能不活跃，胞浆内细胞器很少。关于骨衬里细胞的功能目前了解较少，有人认为骨衬里细胞是成骨细胞的前体细胞。

6.2.3　破骨细胞

破骨细胞是有骨吸收功能的多核巨细胞，活跃的破骨细胞存在于骨表面，细胞嗜酸性，胞体大而不规则，细胞核从几个到上百个，电镜下破骨细胞胞膜有两个典型特征，一个是皱褶缘，另一个是清晰区。皱褶缘由破骨细胞胞膜高度折叠形成，骨吸收过程中，破骨细胞内外的物质交换在此进行；而清晰区是环绕在皱褶缘外，使破骨细胞与骨基质相附着的胞膜，相应的胞浆内富含微丝而无细胞器，在电镜下，呈现电子密度很低的透亮区。活跃的破骨细胞呈现极性特征，胞核远离骨表面，并且与细胞骨架相连接。核周围由许多高尔基体和高度致密的线粒体，皱褶缘处密集许多溶酶体小泡。

骨组织中各种细胞的协调作用是一种局部活动，局部因素诱导特定的细胞并调节其活动，多种因子以精确的作用顺序和作用浓度使细胞特异性分化，而局部生物因子浓度的不同决定骨吸收或骨沉积现象的发生。并非一种细胞可以产生这些局部生物因子，正常的骨组织状态是多种细胞及其产生的局部生物因子协同作用的结果。成骨细胞作为局部骨生成细胞，产生局部生物因子，影响破骨细胞的形成与分化，这些局部生物因子有些沉积于骨基质中，在外界刺激下被释放出来，有些在受到系统和局部因素的影响后，由局部细胞分泌。

破骨细胞是由造血系统的单核细胞通过血液循环到达骨骼，在骨骼局部信号的作用下融合而成为多核细胞的。在骨吸收过程中，产生的因子又可诱导和激活成骨细胞，局部骨代谢就是在成骨细胞、破骨细胞这种相互诱导、相互制约的过程中达到平衡。

此外，骨基质中还包含其他成分，如骨钙素、骨涎蛋白、骨桥蛋白、骨黏连蛋白、生长因子、骨形成蛋白等。它们各自发挥着不同的生物功能，这里就不再一一介绍。

6.3　屏障膜的临床要求及分类

6.3.1　屏障膜的临床要求

成功的 GBR 技术关键在于屏障膜的性能，所以 GBR 技术又称为膜引导技术或膜引导骨再生技术。临床上对屏障膜的基本要求有以下几个方面。

（1）良好的生物相容性。屏障膜植入后，不应对周围组织产生不利影响，在体内留置期间不引起机体排斥反应和炎症反应。

（2）稳定的成骨空间。屏障膜应有足够的支撑强度为骨再生提供一个稳定的空间环境，有足够的刚性来承受咀嚼等口腔活动所施加的压力；同时膜材料应有适度的延展性，以保证功能性重建所需要的特定的几何形状。

（3）良好的屏障封闭能力。屏障膜应具备良好的空间封闭能力，以避免周围纤维组织细胞的形成和细胞入侵。

（4）良好的通透性。屏障膜具有的多孔隙结构能保证细胞生长所需要的组织液、氧气、营养和生物活性物质等，以促进软组织和骨组织的再生，但这些孔隙必须能阻止结缔组织细胞、牙龈成纤维细胞和上皮细胞通过。

（5）较强的临床可操作性及较好的贴合性。屏障膜覆盖于骨缺损区应能较好地贴合于临近的骨表面。

6.3.2　屏障膜的分类

目前市场上屏障膜的种类较多，主要分为两大类，即不可吸收性膜和生物可吸收性膜。

不同组成的屏障膜分类如图 6-4 所示，不可吸收性膜和生物可吸收性膜的比较见表 6-1。临床选择多基于治疗的需求以及屏障膜的生物特性。

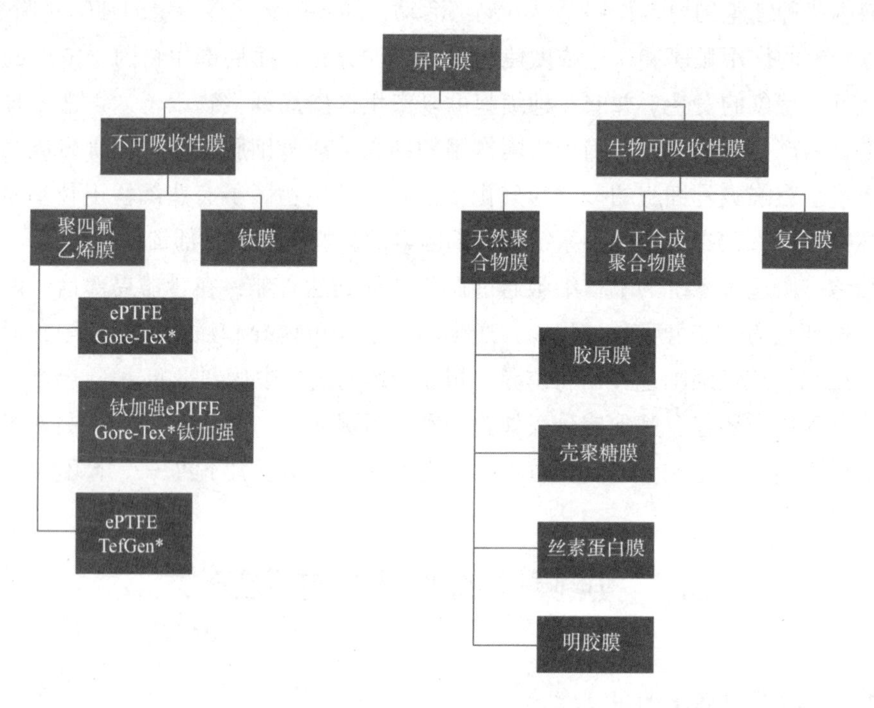

图 6-4　不同组成的屏障膜分类

表 6-1　不可吸收性膜与生物可吸收性膜的比较

膜的种类	优点	缺点
不可吸收性膜	维持空间能力强 良好力学支持 可靠的骨再生	需去除 不可整合 可能较高的暴露概率 一旦暴露必须去除，再生骨量减少
生物可吸收性膜	不需去除 可与机体整合 柔软易塑形 暴露后可自行关闭	易塌陷 可能会激发免疫反应 降解速度快于预期 研究不充分 垂直缺损效果不佳 封闭性略差（有更多的纤维组织长入）

6.3.2.1　不可吸收性膜

如图 6-4 所示，不可吸收性膜包括聚四氟乙烯膜以及钛膜。这种类型的膜需要进行二次手术取出，增加了患者的痛苦。不可吸收性膜组织相容性较差，容易导致黏膜裂开、膜暴露和感染等风险，从而影响骨形成。不可吸收性膜往往具有较强的机械强度，支撑能力较强。

（1）聚四氟乙烯膜。聚四氟乙烯膜是聚四氟乙烯树脂经热拉伸工艺处理后制成的一种白色、柔韧、富有弹性的医用高分子材料，其结构中有许多微纤维起伏相连，构成多孔状裂沟，裂沟的大小可由拉伸程度控制，具有较好的生物相容性和稳定的理化性能。

目前在种植领域应用较为广泛的是由美国的Gore公司生产的膨体聚四氟乙烯膜，商品名为Gore-Tex，该产品也在消化外科、脑外科、心血管外科等方面得到广泛应用。采用Gore-Tex膜覆盖在骨缺损区，可以在其局部形成封闭区域，避免周围纤维组织细胞的形成和细胞的入侵，允许成骨细胞分化成骨，使缺损区的骨组织得以修复。然而ePTFE膜手术操作后较易产生微动，微动会造成软组织愈合而不是预期的骨愈合，因此需要对膜进行固定以防止微动。后来出现了钛加强的膜，它是由两层ePTFE膜中间夹一层钛支架组成，仅用于特殊的适应症，比如较大的骨缺损、颊侧骨板部分或全部缺失的拔牙创骨缺损等。

（2）钛膜。除了聚四氟乙烯膜，钛膜是另一种在临床应用较广的不可吸收性膜。钛膜因其强度高、刚度大、密度低、质量轻、耐高温、抗腐蚀性强且组织相容性好等优势在外科手术中得到应用广泛。钛膜的刚性为骨组织的再生提供稳定的空间而且可防止轮廓塌陷，它的弹性可以防止黏膜压缩，它的稳定性可以防止移植物的位移。而且钛膜表面光滑，不易受细菌污染，但是刚度大也增加了对周围黏膜的机械刺激的风险，较易暴露于组织外。有学者则认为即使钛膜暴露于黏膜组织外，相比较于膨体聚四氟乙烯膜，感染率较低。同时钛膜一般厚度较大，弹性强，虽然与骨皮质表面可贴合，但此膜边缘与骨面的贴合性较可吸收性膜差，所以选择盖住范围较大的骨缺损，一般超过骨缺损边缘3mm以上，并用膜钉固定，才能较为稳定就位。

6.3.2.2　生物可吸收性膜

生物可吸收性膜主要优势就是本身可吸收，不需要进行二次翻瓣取出，减少了患者的痛苦、组织损伤的风险和并发症的风险，且暴露后具有一定的抗感染能力，感染概率较不可吸收性膜小，所以目前作为屏障膜的首选。但生物可吸收性膜抗张强度较小及机械强度较差，空间维持能力不如不可吸收性膜，常会引起膜塌陷和移位，所以临床常采用双层覆盖技术来弥补其不足。如图6-4所示，生物可吸收性膜包括天然聚合物、人工合成聚合物膜和复合膜。

（1）天然聚合物膜。常用的天然聚合物膜包括胶原膜、壳聚糖膜、明胶膜和丝素蛋白膜。

①胶原膜。Bio-Gide作为胶原膜的代表，是将猪胶原加工达到高度纯化后制成的双层生物膜，靠近周围组织面的纤维排列致密，具有良好的细胞阻隔作用，且紧贴骨缺损区纤维排列疏松，有较多的孔隙，起到稳定血凝块的作用并有利于骨细胞与膜结合，能加速骨缺损的修复，抗感染力强，伤口愈合能力好，且具有一定的柔软性，临床操作简单，与不可吸收性生物膜相比，并发症的发生率较低。胶原膜应用于GBR技术也有其不足之处，比如在湿态环境下，膜的空间保持性较差，机械强度较小，生物降解速率较快，这些不足导致其功能周期短，对新组织再生产生影响等问题。此外，动物源性的胶原膜可能将动物疾病转移到人体，而且也有伦理道德问题和文化问题。

②壳聚糖膜。壳聚糖膜成本较低，且具有优异的生物相容性、非抗原性、天然抗菌性、

止血活性、促愈合能力，以及可控的降解速度，作为骨替代材料和膜材料在骨科和牙周应用中引起广泛的关注。此外，壳聚糖易溶于各种酸性溶剂，呈正电荷，与糖胺聚糖结构相似，为细胞有效地完成诱导骨再生、促进药物吸收等生物学功能提供了适宜的环境。然而，单一的壳聚糖膜力学性能差，不足以有效地发挥维持骨再生空间及引导的作用。有学者通过在壳聚糖膜中负载羟基磷灰石微球改善 GBR 屏障膜的力学性能和骨传导性能。这种新型的 GBR 复合膜具有良好的生物功能和力学性能，将为 GBR 屏障膜的进一步研究和开发提供良好的前景。

③明胶膜。明胶膜实用性强，易于处理，成本低。在性能方面，免疫原性弱，可塑，生物相容好，黏附性好，已成为 GBR 技术的理想材料。然而明胶膜力学性能差、降解快，很少单独用于 GBR 技术。

④丝素蛋白膜。丝素蛋白具有优良的生物相容性，可生物降解，是口腔修复骨再生中较有前景的材料。丝素蛋白膜的理化特性高度依赖于其制备工艺，有研究表明，丝素蛋白制成的膜材料强度较大，其湿拉伸强度比 1-（3-二甲氨基丙基）-3-乙基碳二亚胺盐酸盐（EDC）交联的胶原膜和 ePTFE 膜的湿拉伸强度更优越。丝素蛋白膜可提供足够稳定的空间，且其空间保持性较好。此外，丝素蛋白膜可负载药物、生长因子等物质来提高其抗菌性能和成骨效果。然而，目前应用于 GBR 的丝素膜并未商品化，尚停留在实验研究阶段。

（2）人工合成聚合物膜。可吸收性人工合成聚合物膜有聚乳酸（PLA）、聚己内酯（PCL）、聚乙醇酸（PGA）和聚羟基丁酸酯（PHB）等。其中研究最多的是 PLA 和 PGA，这类膜材料的降解速度可通过改变其分子量组成、孔隙率和表面积来控制。PLA 和 PGA 具有良好的生物相容性，较强的力学性能及易成型等优点。不同分子量 PLA 的共混物均具有良好的组织相容性，其降解速率与混合物中聚合物的分子量及含量有关，低分子量聚合物的含量越高，降解速度越快。因此，改变混合物中不同分子量聚乳酸的含量可相应改变其降解时间，可根据需要制备出各种引导骨再生屏障膜。以 PLA 与 PGA 合成的共聚物 PLGA 也常用于 GBR 技术，双层结构的 PLGA 屏障膜膜层致密，可以防止牙龈成纤维细胞向内生长，保证力学功能，微纤维层支持成骨细胞定植，有效促进骨再生。

（3）复合膜。用于 GBR 的聚合物膜有几个重要标准：生物相容性，适当的降解性，足够的物理力学性能，以及足够的强度来避免膜坍塌，确保足够的膜功能。而单独的聚合物往往不能同时满足这些标准。由于单一材料制成的可吸收生物膜很难兼备良好的生物相容性、生物活性及较强的力学性能，选用两种或多种材料复合而成的可降解吸收的生物膜材料成为当前的研究热点。将两种或多种具有不同优异性能的生物材料复合，形成优势互补的复合可吸收生物膜材料，将在更大程度上提高骨再生的效率。

GBR 技术出现至今，研究者们已通过大量实验尝试将多种不同材料复合形成可吸收性膜。比如，天然聚合物通常缺乏足够的机械强度和理想的降解曲线，而合成聚合物的生物活性较差。将两种或更多聚合物共混来弥补它们各自的缺陷，能表现出更好的协同作用。有研究者利用藻酸盐、壳聚糖以及磷酸八钙成功制备了新型复合膜，该膜适合人骨髓间充质干细胞的黏附和生长，在 GBR 屏障膜的应用中具有良好的前景。此外，还有将丝素/聚左旋乳酸己内酯（PLCL）、丝素/壳聚糖、PLCL/PEO（聚环氧乙烷）/HA（羟基磷灰石）等材料制备复合屏障膜的文献报道。

部分不同可吸收性膜的吸收时间见表 6-2。

表 6-2　不同可吸收性膜的吸收时间

膜种类	材料	功能时间/月
BioMend® (Integra LifeScience, Plainsboro, NJ)	胶原	1~2
OraMEM® (Salvin Dental, Charlotte, NC)	胶原	1~2
Cytoplast® RTM (Osteogenics Biomedical, Lubbock, TX)	胶原	1~2
Guidor® (Sunstar, Chicago, IL)	PLA	1~2
CalForma® (Citagenix, Laval, QC, Canada)	硫酸钙	1~2
Vicryl® (Johnson & Johnson, Piscataway, NJ)	PLA/PGA	1~3
Resolut® XT (W. L. Gore & Associates, Flagstaff, AZ)	PLA/PGA	2~3
Resolut® Adapt® (W. L. Gore & Associates)	PGA	2~3
BioMend® Extend (Integra Life Science)	胶原	4
OraMEM® Sustained (Salvin Dental)	胶原	4
DynaMatrix (Keystone Dental, Burlington, MA)	胶原	4
Epi-Guide® (Curasan, Research Triangle Park, NC)	PLA	5
Ossix® Plus (Johnson & Johnson)	胶原	4~6
Bio-Gide® (Geistlich Pharmaceutical, Wolhursen, Switzland)	胶原	4~6
Puros® Pericardiun (Zimmer Dental, Carlsbad, CA)	心内膜	4~6
Resolut® Adapt® LT (W. L. Gore & Associates)	PGA	4~6
Atrisorb® (Tolmar, Fort Collins, CO)	PLA	6
Atrisorb-D® FreeFlow (Tolmar)	PLA 和 4% doxycycline	6
OsseoGuard® (Biomet 3i, Plam Beach Gardens, FL)	胶原	6~9
Mem-Lok® (Collagen Matrix, Franklin lakes, NJ)	胶原	6~9

6.4　屏障膜的制备方法及研究案例

6.4.1　电纺膜

在屏障膜的制备方面，与非织造相关的方法中电纺法采用较多。电纺法的原理及电纺材料的生产过程已在本书的其他部分有所体现，本小节就不再赘述，只列举电纺法制备屏障膜的几个研究案例。

有研究者将 ICA（淫羊藿苷）作为骨诱导因子通过同轴静电纺丝成功加入纳米纤维屏障膜（ICA-SF/PLCL）中，并以持续和可控的方式释放，表明 ICA-SF/PLCL 纳米纤维膜将是很有前景的屏障膜。

有研究者通过静电纺丝技术制备了一系列 PLCL/PEO/HA 的复合纤维膜用于引导骨再生。HA 纳米晶体可以很好地分布在 PLCL/PEO 基质中。复合纳米纤维的直径大于纯 PLCL 的直径。当 PEO 和 HA 的含量分别为 0.4%和 0.03%时，得到尺寸均匀，直径大的纤维，此时获得的膜具有最好的透水性。此外，当 PEO 和 HA 的含量分别为 0.5%和 0.03%时，获得了拉伸强度最大的纳米纤维膜。

有研究者为防止在牙周再生治疗过程中失去牙周支撑组织，包括一些牙齿骨、牙周韧带和在先前患病的牙根周围的牙骨质的丧失，制备了丝素蛋白纳米纤维膜，并评估了该膜用于兔的颅骨缺损中的骨再生功效。表明丝素蛋白纳米纤维膜显示出良好的生物相容性和骨再生潜能，并且没有任何炎症反应的迹象。

有研究报道了一种新型的制备丝素蛋白纳米纤维膜的方法，通过化学处理将电纺丝素蛋白纳米纤维溶解在氯化钙—甲酸中，保留纳米纤维结构，制备出力学性能显著提高的新型丝素蛋白纳米纤维膜。在大鼠颅骨圆形缺损处分别放置商业化 Bio-Gide 膜、丝素蛋白纳米纤维膜，术后 4 周时丝素蛋白纳米纤维膜或 Bio-Gide 膜覆盖的缺损部位均表现出明显的新生骨形成，12 周后几乎完全愈合。然而，Bio-Gide 膜在 4 周时表现出吸收迹象，在 12 周时完全降解，这可能会降低屏障膜行使功能的有效时间及其对缺损空间的维持。因此，新型电纺丝素蛋白纳米纤维膜具有促进早期成骨的作用，其 GBR 效果可能优于手术后早期的胶原膜。此膜具有良好的力学稳定性、生物相容性、较慢的降解性和较好的新生骨再生性能，且无任何不良炎症反应。

目前还有一些研究侧重于模拟与天然口腔软组织多层结构相似的逐层电纺聚氨酯/丝素蛋白膜应用于 GBR 手术中。研究发现，逐层电纺聚氨酯/丝素蛋白膜在 GBR 方面具有广阔的应用前景。

6.4.2 其他方法

（1）流延法。也称为浇铸技术，利用该技术制备屏障膜时，需先将材料配成浓度合适的溶液，再将其倒入模具，干燥后即得到膜状物，可作为 GBR 屏障膜使用。

（2）3D 打印。3D 打印技术被誉为“第三次工业革命的重要标志之一”。3D 打印技术制备材料时，首先通过计算机辅助设计（CAD）或计算机动画建模软件建模，再将建成的三维模型“分割”成逐层的截面，从而指导打印机逐层打印。随后，打印机通过读取文件中的横截面信息，用液体状、粉状或片状的材料将这些截面逐层地打印出来，再将各层截面以各种方式黏合起来，从而制造出一个实体。在过去的十几年中，3D 打印技术得到了迅速的发展，这也让其在许多新领域中得到应用，特别是运用于生物医用领域的生物 3D 打印。

通过数字化建模和 3D 打印技术制作的个性化钛膜，可以使钛膜与牙槽骨解剖形态之间达到最佳的匹配。它还可以精确重建骨的三维体积和位置，使手术提前计划。在操作过程中避免手工整形修剪，大大缩短了操作时间。有研究者通过3D打印技术制备了钛膜，膜的厚度和孔径对于促进骨组织的生长起着至关重要的作用。合适厚度的钛膜不仅能够承载足够的强度，而且对黏膜的刺激更小，更适合临床使用。有研究者通过3D打印方式制作PLGA屏障膜，将其运用于小猎犬骨缺损模型中，研究发现PLGA膜在潮湿的环境中比胶原膜成骨效果更稳定可靠。

（3）脱细胞基质膜。由经化学和物理的方法去除异体或异种组织中的细胞，形成无免疫原性或低免疫原性的材料，并作为GBR屏障膜来使用。经过处理的细胞外基质材料具有良好的力学性能，该材料的组织相容性好，植入体内没有免疫排斥现象，在体内起着支持、连接细胞的作用，同时其三维的空间结构及细胞因子有利于细胞的黏附和生长，具有良好的应用前景。有研究者制成了来源于猪心包膜的细胞外基质膜，该膜表现出更高的拉伸强度（14.15%±2.24%）和与胶原膜相近的成骨量，同时长达3个月的降解时间提示其可能具有更强的酶降解抵抗性。还有研究者报道了将ECM膜覆盖在填充硫酸钙的骨缺损位点上，能观察到良好的血管再生和骨再生的现象，同时材料的生物降解性也十分优良。

此外，还可以通过涂层法对屏障膜进行制备或改性，比如在已有的膜上涂层抗生素、海藻酸钠、透明质酸、聚乙烯醇、结晶聚丙烯等。

尽管已有包括电纺在内的多种屏障膜的制备方法，但临床上广泛使用的仍然是胶原膜。然而胶原膜在临床使用过程中也会存在一些不良反应，因此学界还在不断探索对现有屏障膜的改进以及新型屏障膜的研发。改进方面主要包括改善现有屏障膜的抗菌性和成骨性，新型屏障膜的研发主要包括应用新材料、将不同材料进行复合等方面。期望未来的研究能综合运用多种对GBR屏障膜有改良效果的技术手段：①采用纳米粒子、纳米纤维和三维支架等方法继续改良材料的内部结构；②采用基团修饰、分子结合等方法继续改良屏障膜的表面结构；③将传统的屏障膜与更多能增强抗菌、促进骨生成的物质通过一定的方式结合；④引入更多具有良好生物相容性、生物降解性和成骨诱导性的新材料。

思考题

1. 牙槽骨的生物学特征及其作用是什么？
2. 临床上对GTR和GBR屏障膜的要求有哪些？
3. 屏障膜是如何分类的？
4. 不同类的屏障膜分别有哪些特点？
5. 可作为屏障膜原料的材料还有哪些？
6. 屏障膜的制备方法除电纺法之外，还有哪些？

第 7 章　医用隔离防护非织造产品

隔离防护性医用品是指非直接用于患者身上进行治疗的用品，其功能是改善治疗区域卫生环境、防止细菌穿透引起间接传染和病毒交叉感染，提高治疗效果。隔离防护性医用品主要有手术服、隔离服、口罩等。2019 年年底，新型冠状病毒肺炎（COVID-19）疫情发生，成为继非典以后人类面临的最严重的大流行病，成为全球公共卫生的重大威胁。新型冠状病毒肺炎是一种呼吸道传染性疾病，其主要传播途径为飞沫传播和接触传播，因此，如何有效阻止疾病传播，最大限度保护医务人员免受感染，成为抗击新型冠状病毒疫情的重中之重，而隔离防护性医用品作为人体和病毒间的盾牌，成为抗击疫情的利器。防护效果、成本和舒适性是非直接医用品和防护用品的三大要素。根据国家标准，外科手术必须采用符合环境清洁要求的材料，以使其像一道屏障一样阻止液体、微生物及颗粒物的渗透与传播，将感染概率降到最低，因此要求手术衣应具有良好的阻隔性，并且自身质量稳定。由于传统的棉质机织布存在使用中易于脱落棉屑和产生灰尘，洗涤后纱线间孔隙覆盖性变差而对细菌屏蔽性减弱，消毒不严而带菌等缺点，因此，随着人们医疗卫生意识的增强，具有优良医用性能的用即弃非织造材料很快以绝对优势取代了传统的棉质机织物。

7.1　手术防护服

手术室是医院中重要的技术部门，它为患者提供创伤性手术和紧急抢救工作的场所。在创伤性手术过程中，感染源可以通过多种途径传播，双向防护性能好的手术单、手术防护服、洁净服、口罩、手术帽和鞋套等医用隔离防护非织造产品，能使感染源向病人手术创面传播的可能性降至最低，还可以防止术后创面感染。

随着外科技术的飞速发展，手术室的工作越来越人性化、细节化。手术过程不仅仅停留于为患者减轻症状、治疗疾病等，患者及家属也越来越重视术后的感觉及生活质量。因手术类型、手术时间、手术区湿度、材料受机械应力影响程度、病人的易感染性等均不同，病人、医务人员及器械覆盖物品所用的医用隔离防护非织造产品的性能也不同。

19 世纪，外科医生们使用的手术防护服和手术用盖布是结构较紧密的棉质机织物，后改用经拒液化学物质整理得到的紧密的机织物；在第二次世界大战中，美军开发了一种经氟化碳和苯化合物处理的高密机织物；20 世纪 70 年代，开始采用防护性能和耐久性得到提高的新型机织材料。

20 世纪 50 年代，非织造材料发展迅速，其抗撕破性得到提高，在医疗卫生保健领域获得了广泛的应用。美国的一次性非织造材料已经成为手术防护服、化学防护服最普遍的材料。

然而，一次性医用隔离防护非织造产品的大规模使用可能引起环境污染，因此生物可降解纤维原料将会在未来防护服的应用中发挥巨大作用。

7.1.1 手术防护服的基本性能要求

手术防护服的基本性能要求主要有阻隔、干湿拉伸强力、穿着舒适性、力学性能、耐磨掉毛性等。

7.1.1.1 液体阻隔性能

在手术过程中会有病人的血液飞溅到手术防护服上，所以手术防护服应有一定的液体阻隔性能，这样才能保证医生在手术中不会受到病人血液的感染。非织造材料透水有三种途径：一是因纤维吸收水分子，使水分子通过纤维内部渗透到非织造材料另一面；二是纤维间隙的毛细吸液效应，使水渗透到另一面；三是在压力作用下，将液体经材料内部孔隙流向另一面。非织造材料的液体阻隔能力与纤维原料的亲水性和材料的结构有关系，可利用手术防护服的静水压和接触角等来表征其液体阻隔性能。

静水压可以衡量材料在静态水压力的作用下抵御水渗透的能力，根据国家标准 GB 19082—2009《医用一次性防护服技术要求》规定，使用 GB/T 4744—2013《纺织品防水性能的检测和评价 静水压法》标准进行试验，静水压为 1.67kPa 时，手术防护服不得渗漏。

接触角是指液体、气体和固体三个表面之间的角度 θ。如图 7-1 所示，当 $\theta=0°$时，液体完全润湿固体表面；当 $0°<\theta<90°$时，固体表面的拒水性能随接触角的增大而增强；当 $\theta\geqslant 90°$时，固体表面拒水，液体不能润湿固体表面。

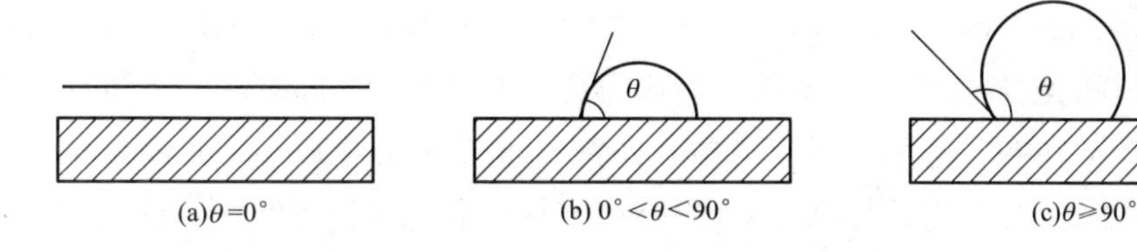

图 7-1 固体表面接触角示意图

由于传统的棉织物手术防护服具有吸湿性，在进行静水压和接触角测试的时候会很快被润湿，其静水压和织物表面接触角的实验均无法测量，液体阻隔性能很差。经拒水整理以后，该类手术防护服的表面也具有一定的液体阻隔性能。常见的一次性纺黏丙纶手术防护服的吸湿性较差，其静水压与材料的克重成正相关，液体阻隔性能较好。

7.1.1.2 穿着舒适性能

由于医务人员的工作强度高，工作时间长达几个甚至十几个小时，在手术过程中也要承受相当大的心理压力，在手术中容易出许多汗，给手术增加了难度，如果手术防护服的舒适性能不好的话，穿着不舒服、透湿透气性不好，医生在进行长时间的手术过程中，汗气无法排出，就会感觉闷热，这给医生的身体造成很大的负担。这就对手术防护服的穿着舒适性，即材料的透湿性和透气性提出了一定的要求。

材料透过水蒸气的性能称为透湿性，透湿性是重要的舒适、卫生性能指标，直接影响服装排放汗、汽的功能。透湿实质上是材料两侧存在一定相对湿度差的条件下，水蒸气从相对湿度较高的一侧朝相对湿度较低的一侧扩散的过程。水蒸气透过材料的一种重要方式是：织物与高湿空气接触的一面，从高湿空气中吸湿，再由纤维传递至织物的另一面，并向低湿空气中放湿；另一种重要方式是：水蒸气直接通过非织造材料内的空隙，扩散至织物的另一面。透气性实质上是在织物两边的空气存在一定压力差条件下，空气从压力较高一边流向压力较低一边的过程。

7.1.1.3 力学性能

力学性能也是手术防护服的重要性能，如果手术防护服在使用过程中出现断裂、撕破等现象，将直接为微生物的侵入提供通道，从而失去防护功能，导致细菌的入侵。力学性能包括拉伸、撕破、顶破性能等。

7.1.1.4 耐磨掉毛性

在手术防护服的穿着过程中，不可避免会产生磨损，尤其在高强度长时间的手术室中，医生会频繁地做着各种动作，非织造材料表面的一些纤维绒毛、碎片及各种微粒容易从表面脱落，出现掉毛现象，微生物病原体容易附着在掉落的微粒上，可能会落入病人的伤口，使病人有感染的隐患。

7.1.2 手术防护服的相关标准

目前，国际上主要的手术防护服标准有：美国医疗器械促进协会（AAMI，Association for the Advancement of Medical Instrumentation）2003 年 10 月制定的 AAMI PB-70，适用于评价卫生用防护服装的阻隔性能；美国国家防火协会（NFPA，National Fire Protection Association）制定的 NFPA 1999，适用于医疗急救；欧洲标准委员会（Europe Committee for Standardization）2004 年 11 月制定的标准 EN 13795；国际标准化组织（ISO，International Standard Orgnization）制定的标准 ISO 16542（草案）；除此之外，加拿大等国家和组织也相继建立了相关标准。

2003 年“非典”爆发以前，中国并没有专门用于规范医用手术防护服的国家标准，2003 年 4 月 29 日颁布实施了适用于一次性手术防护服的 GB 19082—2003《医用一次性防护服技术要求》，对手术防护服的外观、结构、液体阻隔功能、断裂强力、断裂伸长率、过滤效率、阻燃性能和抗静电性能等做出了强制性的规定。如要求静水压为 1.67kPa 时，防护服不得渗透；透湿量应不小于 2500g/(m^2·d)；断裂强力不小于 45N/5cm；对非油性颗粒物的过滤效率不小于 70%等要求。

对于耐久型手术防护服，并没有可以适用的国家标准，解放军总后勤部卫生部于 2003 年 5 月 3 日发布的行业标准 WSB 58—2003《生物防护服通用规范》可以用于规范耐久型手术防护服。

7.1.3 手术防护服材料表面结构形态

一次性手术防护服的加工方法多样，有水刺法、SMS、透气性薄膜层压法、梳理成网/黏合法等。为了满足不同类型手术的需求，一次性手术防护服在生产过程中，选用不同原材料，把两个或多个工艺结合起来，从而改变手术防护服的各项性能。因此研究纤维性状、生产工艺等有助于了解手术防护服性能。

7.1.3.1 棉机织物

棉机织物是由经纬纱线交织而成，纱线间孔隙较大，孔隙通道成直通式，材料的耐静水压小，且棉纤维吸湿性好、易润湿，因此，棉机织物的液体阻隔性能差，不能满足手术防护服的要求。

7.1.3.2 纺粘非织造材料

纺粘法手术防护服一般以聚丙烯切片为原料，采用熔融纺丝的方法，将聚丙烯树脂在螺杆挤压机中熔融挤压，通过喷丝孔形成熔体细流，经冷却拉伸，形成聚丙烯连续长纤维，经分丝铺网，形成聚丙烯纤网，再经热黏合加固，最终形成纺粘非织造材料。其纤维粗细均匀，表面光滑，呈随机排列，布面上有菱形的热黏合点。可通过在熔融纺丝过程中加入色母粒而获得有色纤维，不需要经后期染色处理。纺粘法非织造工艺具有高产高速、生产成本较低的特点，材料具有良好的抗拉伸性能，但薄型纺粘非织造材料的均匀性和抗渗透性能较差。

7.1.3.3 SMS复合非织造材料

SMS是由纺粘非织造材料（S）与熔喷非织造材料（M）叠层复合而成的。位于中层的熔喷非织造材料，纤维较细，呈三维杂乱分布，材料中含有大量微小孔隙，在厚度方向上形成弯曲的通道，增加固体颗粒被阻挡、捕获的概率，可有效地阻隔血液、体液、酒精及细菌的穿透，同时超细纤维的结构又可保证汗液蒸汽顺利透过；位于上、下面层的纺粘非织造材料，纤维较粗，具有较高的强度和耐磨性，并且其长丝结构保证无纤维绒头产生，有利于达到外科手术要求的洁净环境。

7.1.3.4 木浆/涤纶水刺复合非织造材料

在梳理成网的涤纶纤网上叠加一层木浆纸，通过水刺技术，将木浆纸润湿、打碎，使木浆短纤维与涤纶短纤维相互缠结，可制成木浆/涤纶水刺复合非织造材料。涤纶在材料中起到骨架作用，提高材料的力学性能；而木浆纸主要决定产品的手感和表面抗静电性能等。当纤网连同木浆纸进入水刺区后，受到高压水流的喷射，木浆纸被水浸湿后，纸张中纤维与纤维间的氢键作用被水与纤维间的键合取代，使木浆纸结合强度大大降低。部分木浆纤维内部相邻的纤维素分子之间的氢键被水分子破坏，导致抗弯模量和弹性回复率下降，反而增加了木浆纤维的柔顺性。随着水流压力的作用，木浆纤维穿插进入下面的纤维网缝隙中，并与之抱合、纠缠。高速运动的水流使它无规则地钻入纤网内部，同时水流穿过纤网后，撞击在托网帘上，又以一定角度向四周反弹，形成对纤网的反向冲击。穿过纤网的部分木浆纤维在水流的冲击下，从纤网的反面重新折回，穿插到纤网内部，它的轨迹是随机形成的。

木浆纤维在电子显微镜下观察呈扁平带状，管胞上有纹孔，纹孔为圆形或扁圆形，大多数沿着纤维轴排成一个纵列或两个纵列结构。由于添加各种造纸助剂以及纤维间的相互作用，木浆纤维伏贴在一起，黏结非常紧密。经水刺后，非织造材料正面的木浆纤维之间结合点变少，结合力变小，纤维比较蓬松，复合而成的非织造材料手感柔软、滑糯、丰满，与木浆纸光滑、脆硬的性质大不相同。

7.1.3.5 聚乙烯醇水刺非织造材料

热塑性聚乙烯醇（PVA）水刺非织造材料制成的一次性手术防护服，能在80~90℃的水中溶解而被冲洗掉，被视为环境友好型的非织造产品。

7.2 手术帽

手术室的每个环节均与患者生命存在紧密的联系，稍有疏忽极易发生感染。手术帽作为各种检查及手术的必需品，在临床应用广泛。与手术防护服的基本性能要求类似，手术帽也需要有液体阻隔、力学性能、透湿透气能力等。目前临床使用的一次性医用手术帽为单层丙纶纺粘非织造材料，透气性差、不吸汗，临床使用时，手术医生额头处出汗，汗液不仅会影响手术医生的视野，一旦滴落至手术台还会增加手术部位的感染率。

目前临床主要靠护士及时拭干汗液，不仅增加了护士的额外工作量，同时延长了手术时间，增加了接触污染的可能；而汗液滴落手术切口内及切口内组织器官上，就会导致微生物快速生长，增加切口感染率。医用吸汗型手术帽可降低汗液滴落手术台的风险，减少护士工作量。

有研究者研发出一种一次性医用吸汗型外科手术帽，主要由帽体和吸汗贴两个部分组成（图7-2）。帽体由纺粘非织造材料制成，吸汗贴由三层组成，分别为底膜（由聚乙烯材料制成）、吸收芯层（由木浆和高吸水树脂混合、摊铺、干燥而成）和表面包覆层（由亲水非织造布制成）。吸收芯层能够高效吸收汗液，表面包覆层用于保护吸收芯层的表面。帽体和吸汗贴之间采用缝线或超声波缝合固定，也可以采用热熔胶黏结固定。底膜、吸收芯层和表面包覆层的相邻层之间采用热熔胶黏结固定。

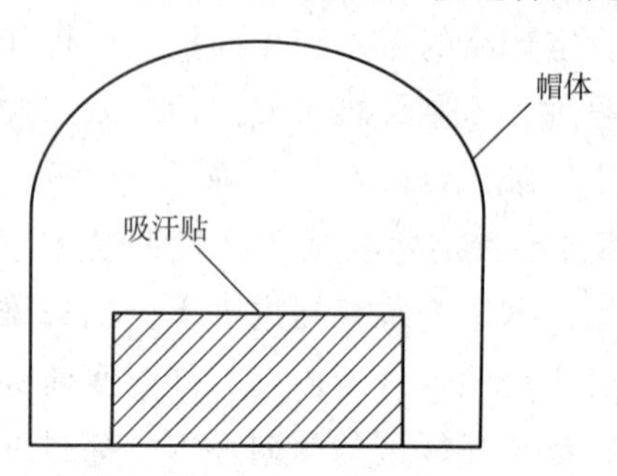

图7-2 医用吸汗型手术帽结构示意图

医用吸汗型手术帽吸收芯层能快速吸收汗液，有效凝聚不回渗，及时阻断汗液滴落，保持前额干爽，无需护士帮忙擦汗，避免了汗液滴落引起的手术部位的感染。在满足临床需要的同时，提高了手术医生舒适度，并且减少了护士工作量，从根本上解决了汗液滴落的问题，有效地降低了手术部位的感染，且制作简单，使用方便，值得临床推广应用。

7.3　口罩

7.3.1　口罩的防护机理

口罩是戴在口鼻部位用于过滤进出口鼻的空气，以达到阻挡有害气体、粉尘、飞沫进出佩戴者口鼻的用具。现代口罩通常由三层或三层以上非织造材料构成。以医用外科口罩为例，其结构从内到外分为内层、过滤层和外层（图 7-3）。外层由纺粘非织造布构成，滤材孔径尺度较大，可过滤较大尺寸颗粒；核心部件过滤层由熔喷非织造布构成，可过滤尺度更小的粒子；内层关系到口罩佩戴时的舒适程度，也由纺粘非织造布构成，但多采用亲和皮肤的材料，以保证遮蔽处皮肤的舒适度。外层和内层共同固定过滤层。由于口罩的材质缝隙小于病毒体积，佩戴口罩可避免口鼻处黏膜接触飞沫、体液等，对病毒起到一定的防护作用（图 7-4）。口罩本身的静电作用还可将部分病毒吸附在其外层。同时，口罩还有助于阻挡灰尘以及有害气体、液体、微生物。铝条固定口罩可防止医生与病人之间通过空气的相互感染。

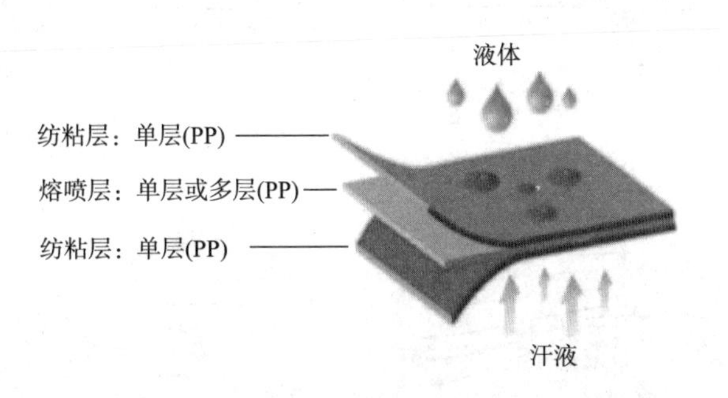

图 7-3　SMS 非织造材料结构

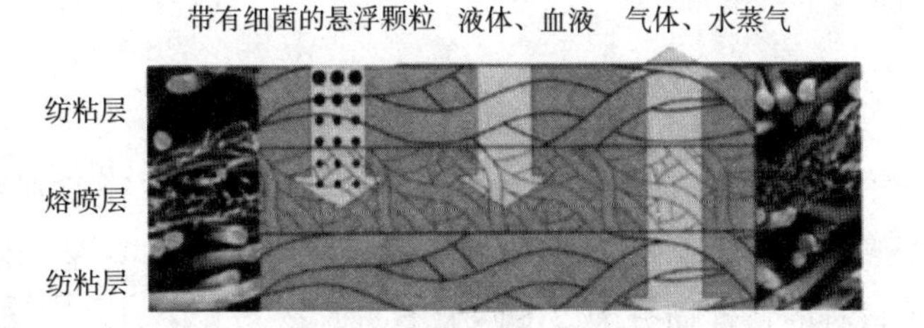

图 7-4　SMS 结构对各种物质的阻隔效果

口罩的大致防护机理为过滤吸入空气及阻挡外界有害气体、飞沫等接触佩戴者口鼻黏膜。气体、飞沫、微粒等在口罩滤材中的过滤机理非常复杂，根据其截留途径及相互作用方式，过滤机理可分为以下几种（图 7-5）。

（1）扩散作用。极其微小的颗粒在布朗运动作用下位移到滤材表面，由于分子引力的作用，接触到滤料的粒了因吸附而被过滤掉。

（2）沉降截留作用。较大的颗粒物质随气流运动时因重力作用沉降在滤材上，由于粒子直径大于滤料纤维间隙而被过滤。

（3）惯性撞击截留作用。当气流中的颗粒通过滤材的网状通道时，质量较大的颗粒由于惯性作用，会偏离气流方向，撞击滤材并被截留。粒子大、密度高、气流速度快时，过滤效果最好。

（4）静电作用或负离子作用。较小的颗粒（尤其是粒径<2.5μm 的粉尘）在靠近有静电的滤材时，由于静电作用被吸附在滤材表面从而被过滤掉。静电作用可在不增加气流阻力的情况下提高过滤效率。负离子可捕捉周围带正电的粒子并与之中和后沉降，从而达到过滤的目的。

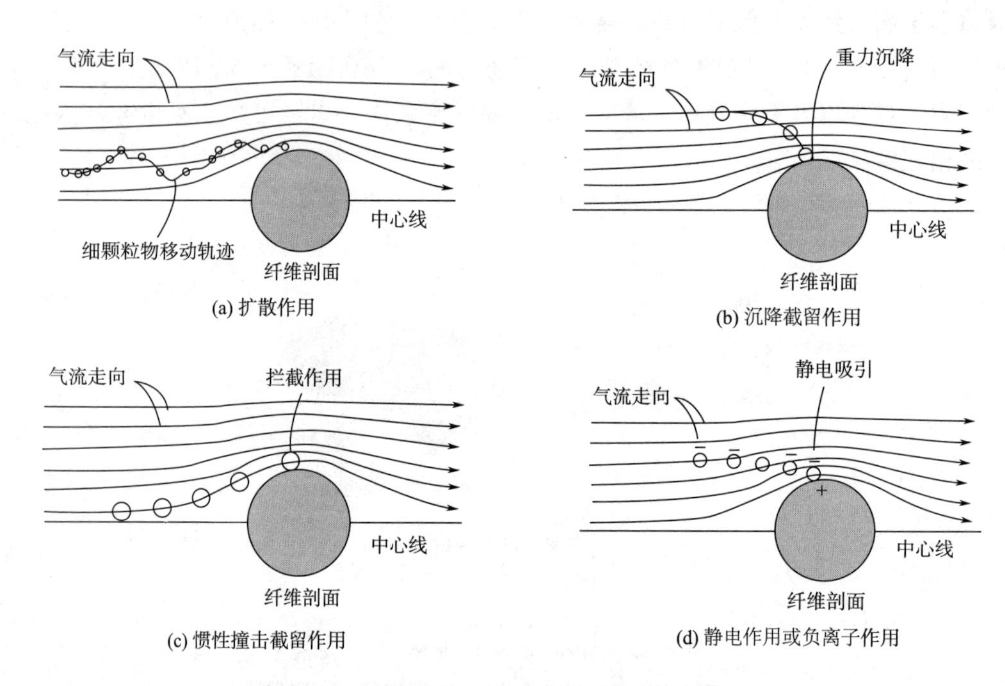

图 7-5　过滤机理示意图

口罩对病菌的防护机理取决于病菌类型。病菌种类繁多，粒径差别很大。一般情况下，病菌直径在几十纳米到几十微米间，且病菌并不是独立存在的，总是依附于载体上。因此，病菌的防护机理因其自身的特性而分为以下两大类。

（1）物理拦截作用。依靠滤材本身的特性，通过扩散、沉降截留、惯性撞击截留、静电及负离子等作用对病菌进行拦截过滤。这种拦截是一种物理作用，并不能杀灭病菌。

（2）杀灭作用。通过在滤材中添加一些功能性抗菌抗病毒物质，当病菌接触滤材时，功能性物质可破坏病菌的内部结构，进而达到灭杀目的。

7.3.2　口罩的分类及制备技术

非织造口罩按用途可分为医用口罩、工业防护口罩、民用防护口罩等。非织造口罩的过滤性能由其原材料结构、组成和性能共同决定。目前原材料主要有聚酯、聚酰胺、聚氯乙烯、聚丙烯腈、氨纶、聚丙烯等。其中，聚丙烯熔喷非织造材料价格低廉，物理化学性能稳定，孔隙率高，透气性能好，过滤阻力低，且环保无毒，以其制备的口罩的过滤性能远优于其他材料，不仅可以有效阻挡飞沫和微尘，且气阻小，已成为当今主流防护口罩产品。聚丙烯非织造口罩主要通过扩散、沉降截留、惯性撞击截留等来过滤空气，实现防护功能。增大聚丙烯非织造材料的面密度，降低纤维直径可有效提高聚丙烯非织造材料的过滤效率，但增大材料面密度会提高其过滤阻力，极大地制约了聚丙烯非织造防护口罩产品的发展。为此，众多学者先后开发出一系列驻极体材料。

所谓驻极体材料，即具有长久保留电荷的能力，该电荷可以是因极化而被“冻结”的极化电荷，也可以是陷入表面或体内“陷阱”中的正、负电荷，在无外电场的作用下，能自身产生静电作用力。将非织造材料和驻极体材料结合，在不提高过滤阻力的前提下，通过非静电过滤和静电吸附相结合，提升聚丙烯非织造口罩的过滤效果，尤其是对亚/微米粒子的静电捕获。尽管驻极体材料能显著改善滤材的过滤性能，但其在使用过程中极易产生衰减，难以实现滤材过滤效率的持久性，这极大地限制了驻极体口罩的进一步发展，也是未来亟待攻克的难题。

防护滤材，尤其是口罩滤材，其纤维直径越小，纤维相互堆积所形成的纤维毡的孔隙率越高，孔径越小，滤材的压降阻力越小，其防护效果也越好。目前的制备技术，包括模板合成技术、层次自组装技术、静电纺丝技术等所制备的纳米纤维毡，因其本身独特的尺寸效应，使其在口罩领域展现出巨大的优势。其中，静电纺丝技术制备的纳米纤维毡因其纳米尺度上的均匀可控的尺寸分布、三维立体空间网状结构，简单快捷而高效的普适性制备，有望成为未来理想的防护材料的核心滤材。

7.3.3　防护口罩的发展趋势

随着科技的进步、环境的变化以及人们观念的转变，越来越多的新型口罩被开发并用于日常生活。空气质量下降，以及新型传播性疾病的爆发，使人们对防护用品的认识进一步加深，因此，防护口罩在迎来新的发展机遇的同时，也面临着一些巨大的挑战，包括口罩的高效性、舒适性、功能性、可降解性、功能的可再生与重复性、产品与标准的个性化等。

7.3.3.1　高效性

口罩滤材的好坏，直接影响着口罩对周围环境中病毒、细菌以及有害气溶胶的过滤效率及其呼吸阻力。以医用口罩为例，我国目前绝大部分医用口罩是用三层非织造材料制备而成，其过滤效率有限。增加核心滤材中的非织造材料层数是改善其过滤效率行之有效的办法，然而，非织造材料层数的增加也将带来呼吸阻力的增加，它不仅会使口罩佩戴者换气困难、胸闷气短，也会导致口罩与面部贴合程度差，降低口罩的密封性，进而严重影响口罩的过滤效率。为进一步研发具备高效低阻特征的口罩，除了开发新型纺丝技术制备亚/微米甚至纳米纤维以外，还可以开发驻极体、负离子等复合过滤材料。

7.3.3.2 舒适性

一款性能优良的口罩除了高滤低阻的要求以外，还要求具有良好的热湿舒适性、亲肤无刺痒感等特性。目前市场上主流的、具有高效低阻的防护口罩的滤材主要是合成纤维，尤以聚丙烯纤维和聚四氟乙烯纤维为最。这些以合成纤维为主要材料的防护口罩，其人体亲和性以及舒适程度远低于天然纤维，而天然纤维较粗，很难达到合成纤维的高效低阻效果。因此，开发天然纤维超细化相配套技术，或者开发生物相容性较好的纤维甚至新型纤维材料能极大地推进口罩产业的跨越式前进。

7.3.3.3 功能性

无论是居家，还是室内外公共场所，人人都有可能接触到各种细菌、病毒，甚至是携带细菌病毒的气溶胶。目前市场上的绝大部分口罩只能阻隔，不能真正达到杀菌消毒的目的。如果滤材或者口罩罩面材料具有一定的抗微生物性能，则可以有效抑制微生物的繁殖和生存，避免细菌感染，从而降低风险。此外，阻燃、防静电、耐洗涤、耐氧化、耐消毒等也影响着口罩的整体性能，因此开发出具有一定功能性的罩面材料和滤材具有十分重要的意义。而功能性材料的开发往往会牺牲材料原有性能，如力学性能、舒适性等。如果能够真正平衡功能性、舒适性以及材料原有性能间的矛盾，实现舒适性和功能性的协调统一，将有利于我国站在口罩产业的金字塔尖。

7.3.3.4 可降解性

据统计，疫情期间，我国每天产生 2500 万~5000 万只废弃口罩，这些废弃口罩一般按照生活垃圾分类的要求处理，或统一消毒、包装后交医疗废物处置中心处置。除少部分可回收利用，绝大部分进行填埋处理。研究显示：合成纤维在自然环境下降解需要几十甚至几百年时间，这将极大地污染环境和生物体健康。因此，开发具有真正可降解且具有高效低阻的滤材对环境保护及可持续发展具有非常重要的意义。

7.3.3.5 功能的可再生与重复性

对于口罩行业而言，能够生产的功能性口罩包括活性炭纤维口罩以及运用驻极体技术、纳米材料、负离子以提高其过滤效率的新型口罩。然而，使用过程中，口罩会因细菌、病毒在静电层的沉积以及水汽等导致的荷电层静电消除，削弱其过滤效果，甚至失效。因此，在不破坏口罩材料及微观结构的情况下，先杀死或者去除沉积到口罩上的病毒、细菌，再为中间静电层补充静电，重新将外界电荷转移至中层非织造材料，是实现可重复使用防护口罩的导则。

有研究团队在这一导则下，对 4 类广泛使用的普通口罩（一次性防尘口罩、一次性医用口罩、一次性医用外科口罩、国外进口 KF94 口罩）进行了荷电再生重复使用实验研究。其中，一次性医用口罩、一次性医用外科口罩和国外进口 KF94 口罩再生后，口罩重要指标（0.1μm 微粒过滤效率，即阻隔率）与新口罩相当（衰减 0.5%~1.5%）；一次性防尘口罩再生后，其过滤效率较新口罩提升50%；一次性医用外科口罩荷电再生循环10次后，其过滤效率与新口罩相当（衰减约0.5%），取得了显著的技术突破。

7.3.3.6　产品与标准的个性化

众所周知，口罩与人体面部密合性的好坏直接影响着口罩的过滤性能。随着口罩走进千家万户，口罩的标准化与个性化特征间的矛盾越来越突出。目前，市场上的口罩主要有平板式、杯式、折叠式三种，其尺寸规格只有18cm×9cm、15cm×9cm两种，分别对应于成人和儿童。而全球有近70亿人，脸型各异，而且大小也不一致。目前的口罩样式和尺寸规格很难满足各类人的实际需求，尤其是婴幼儿和年轻女性的需求。因此，需结合人体工学设计，开发尽可能适应比较多面型结构和不同尺寸需求的新口罩样式。在符合标准的同时，尽量引入一些美观要素，迎合消费者不同诉求，将是许多企业不得不考虑的现实问题，也是中国口罩企业做大做强的一条出路。

思考题

1. 手术防护服的主要作用有哪些？
2. 如何评价手术防护服的性能？
3. 口罩的性能评价指标有哪些？
4. 在抗击新冠肺炎疫情期间，出现了哪些新型口罩？请分析各自特点。

第 8 章　卫生护理用非织造产品

20 世纪 90 年代以来，随着我国非织造材料的迅速发展，一次性卫生材料及个人卫生用品的消费市场得到了空前的发展。本章主要介绍日常个人护理和化妆美容两类卫生护理用非织造产品。

日常个人护理用非织造产品主要包括：婴儿纸尿裤、女性卫生用品、成人失禁用品、湿巾等一次性产品。化妆美容用非织造产品主要包括：湿巾、面膜、眼贴膜等一次性产品。

8.1　婴儿纸尿裤

传统尿布是由多层棉质纺织品叠合而成的，具有穿着舒适、成本低廉等优点，但更换和清洁较烦琐，且传统尿布的卫生性也极具争议。随着时代的发展，人民生活水平的提高，方便、卫生的纸尿裤立即取代了传统尿布的地位，普及率越来越高。自 1985 年引进第一条纸尿裤生产线以来，纸尿裤生产企业现已遍布全国，形成了巨大产能。随着市场细分深入，不仅出现了按婴儿成长阶段、性别、日用和夜用等细分类别的纸尿裤产品，而且进一步朝着超薄、透气、舒适与多功能性的方向发展。

8.1.1　婴儿纸尿裤的结构

一次性纸尿裤是一个由多层非织造布建立起来的吸收系统，如图 8-1 所示，其主要由表面包覆层（包括面层和防漏隔边）、导流层（acquisition distribution layer，ADL）、吸收芯层、防漏底膜（或背层）、弹性腰围、魔术贴、魔术扣以及将各个部分黏合到一起的热熔胶组合而成。

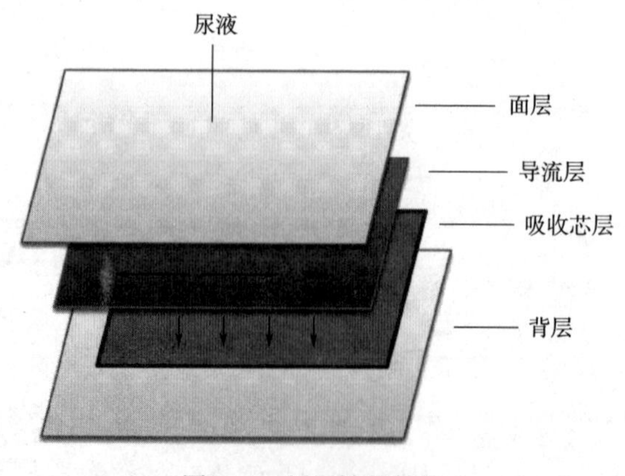

图 8-1　纸尿裤的结构

当把尿液注向纸尿裤时，尿液最先接触表面包覆层，然后向具有较大的空隙或者亲水性的面层渗透进入导流层，而面层两侧的腿口防侧漏隔边具有较大的疏水性，可以有效防止尿液不能快速下渗而发生的侧漏；接着液体沿着导流层较大的纵向纤维分布而向纵向扩散，导流层既增加了吸收区域，也可以暂存液体，防止了液体过快下渗而导致的凝胶阻塞，最后液体逐渐进入吸收芯层而被吸收；而在压力的作用下，一些未被全部吸收的尿液又通过导流层反渗到面层，过多的回渗量将影响皮肤接触面的干爽性，影响纸尿裤的使用性能。因此，充分了解纸尿裤的多层结构，并进行有效组合可实现这种渐进的吸液过程，同时降低回渗量，保持纸尿裤的干爽性和舒适性。

8.1.2 婴儿纸尿裤的各层性能要求及制备技术

8.1.2.1 表面包覆层

表面包覆层通常由面层和防侧漏隔边组成。面层直接与婴儿皮肤接触，位于纸尿裤的中间部分，要求具有足够的强度、耐磨性、柔软性、透气性以及快速的液体渗透速度，能够在尿液向吸收芯层的快速渗透和微量回渗之间找到最佳平衡点，保持贴肤面的干爽性，常采用薄型热风、热轧非织造材料。防侧漏隔边位于腿口部位的两边，主要用于防止过多尿液不能及时下渗而从腿口处侧漏，防止粉状高吸水性树脂（SAP）的外漏。多采用疏水的SMS非织造材料。

（1）面层。面层材料直接与婴儿娇嫩皮肤接触，首先接受尿液，是整个吸液过程的开始，但面层的吸液量几乎为零，只起到将尿液引导向芯层的透水作用。面层材料的纤维原料对纸尿裤的使用性能有较大影响。通常选用聚丙烯纤维作为面层的主体纤维，这主要是因为聚丙烯是疏水聚合物，保水性很低，可以使纸尿裤表面干爽。非织造工艺也对纸尿裤面层材料的结构性能有较大影响。目前市场上多采用热风及热轧两种非织造材料作为纸尿裤的面层。热轧非织造面层材料强力高、产量高、成本低，但粗大的轧点给人带来不适感，表面需加亲水剂。而热风非织造面层材料较热轧材料更为柔软，液体更容易下渗，但价格相对较贵，同时质量不良的热风材料表面毛羽较多，容易产生不舒适感。

另外，在面层材料的外观、立体结构和复合结构方面也有较多的研究。由花王株式会社研发的具有位于肌肤侧的上层和位于吸收体侧的下层的层叠非织造材料构成的面层材料，贯通上层和下层的开孔作为液体导流的主要通道；由单层、多层或单层与膜材料复合的三维开孔的非织造面层材料，可以改善表层的渗透性能、返湿性能和导流性能；尤妮佳公司开发了一种由热轧非织造材料与热塑性单丝经过凹凸轧辊复合的卫生用吸收性产品，材料表面形成等间距的凹凸立体结构，可以使表层材料的渗透、导流性能大为提高，可以确保液体迅速地分散和进入纸尿裤的吸收芯体中，并有效地防止液体返渗；国内也有用甲壳素、Lyocell和ES三种纤维以一定比例混合制成的水刺非织造材料作为表面包覆层，具有一定的抗菌性；或对PE/PP双组分纺粘非织造材料亲水整理后作为一次性卫生用品表面包覆层材料等。

（2）防侧漏隔边。防侧漏隔边是用于大腿口两边，连接面层，用于防止尿液不能及时渗透下去而从侧面溢出。腿口防侧漏隔边常用拒水聚丙烯纺粘非织造材料和SMS结构的非织造材料，其腿口防侧漏及防漏底膜通常都使用SMS结构设计。纺粘非织造材料最显著的优点是强度高、纵横向性能接近，但其缺点也很明显，不仅成网均匀度差，而且表面覆盖性不佳；熔喷非织造材料的纤维直径很小，形成超细纤维聚集结构，可获得较大的比表面积、较低的孔隙率和较小的过滤阻力，大大提高了表面覆盖性及屏蔽性能，但熔喷非织造材料强度和耐磨性都较差。两种材料结合所形成的SMS复合非织造材料，取长补短，既具有强度高、耐磨性好的特点，同时又具有出色的屏蔽性能。

8.1.2.2 导流层

导流层是使尿液快速从表面包覆层转移到吸收芯层的一层特殊的非织造材料，位于表面包覆层和吸收芯层之间，能够使纸尿裤快速、有效、均匀地吸收液体，避免因SAP局部吸收过大而形成的阻塞现象。它能有效地帮助液体从表面层包覆材料向内快速传导并使液体往纵向扩散分布，从而使液体很快离开使用者的肌肤，进入SAP吸收芯层，同时增大液体的扩散范围，增加吸收芯层的有效吸收面积。

非织造导流层可分为单层非织造材料、双层复合非织造材料。早期使用的导流层是选用纤维素纤维经气流成网工艺形成三维杂乱的纤维网，再经化学黏合处理制成单层非织造材料。近年来，纸尿裤的导流层大多采用单层热风非织造材料。热风非织造材料的结构蓬松，具有非常好的抗回渗性能和吸液性能，特别适合生产薄型、无绒毛浆的婴儿纸尿裤以及卫生巾和成人纸尿裤。双层复合非织造材料的种类较多，可以通过选择纤维原料和纤网结构存在一定差异的两层非织造材料进行复合，来获得快速疏导尿液的效果。

例如，上层的纤维原料为合成纤维，经化学黏合法固结后，材料具有多孔结构，能够在压力下迅速吸收液体；下层的纤维原料为纤维素纤维，经化学黏合或热风黏合固结后，材料的亲水性高于上层材料，形成毛细压力差，促进液体垂直方向的芯吸作用；将两层材料复合，既可迅速吸液，又可快速疏导尿液。

8.1.2.3 吸收芯层

吸收芯层是纸尿裤的关键结构部位，其吸收量的大小直接影响纸尿裤吸液质量。目前纸尿裤的吸收芯层主要由卫生纸或者非织造布包裹SAP、绒毛浆混合而成。SAP是一种特殊功能性高分子材料，能吸收重量为自重数百倍至数千倍的水分，或者数十倍至数百倍的盐水，而在一定压力下的保水性能好。绒毛浆是一种高级吸水性纸浆，采用漂白卷筒干浆板在撕碎机撕成绒毛簇制成，广泛用于纸尿裤、卫生巾、医用床衬纸等吸收用品。绒毛浆的吸液性能主要取决于纸页横向纤维之间的毛细管效应，毛细管效应越强，吸收性能越好。在吸收芯层中，绒毛浆主要起到隔离SAP树脂和输液管道的作用。

8.1.2.4 防漏底膜

纸尿裤的防漏底膜直接与人体皮肤接触，因此要求具有优良的透气性、液体阻隔性、拉伸性能、抗撕裂性能和柔软性等。目前纸尿裤的防漏底膜主要有透气微孔膜和非织造材料复合底膜。透气微孔膜是在聚烯烃等基体树脂中混入$CaCO_3$粉末等致孔剂，通过物理拉伸获得界面微孔，最后经过定型处理后形成微孔膜。非织造材料复合底膜主要由流延膜和非织造材料复合而成，复合方式主要有非织造材料在线辊压法、热熔胶喷涂法和 EVA 热熔胶转移法。复合底膜不仅具有流延膜良好的柔软性、液体阻隔性，也具有非织造材料的强度和透气性，不仅可应用于婴儿尿裤、护理垫等个人卫生用品，也可应用于手术衣、防护服等产品领域。

8.1.2.5　热熔胶

HMA 热熔胶是一类热塑性聚合物，在加热熔融后，均匀地涂敷于被黏物表面，冷却固化后形成牢固的粘接区，在一次性卫生用品、黏合衬等产品中应用较多。纸尿裤中热熔胶黏合区主要分布在吸收芯体与绒毛浆木浆、防侧漏隔边与面层、防侧漏隔边与底层复合膜、防侧漏处弹性材料包缠、腰贴、底层复合膜弹性材料包缠等区域。

8.1.2.6　弹性材料

弹性材料可以是聚氨酯长纤维束，如包裹在腿部防侧漏隔边和腰围非织造材料内部，能分散纸尿裤表面的压缩力，从而提高腿部舒适度；也可以是一些具有弹性的复合非织造材料，如保洁公司开发的环形轨道式弹性材料，可使纸尿裤随着婴儿的活动而拉伸。

8.1.3　婴儿纸尿裤的发展趋势

纸尿裤的普及为纸尿裤市场带来更加激烈的竞争。为争夺市场，纸尿裤生产商需要把握消费者的需求，不断研发新的产品。未来，纸尿裤的面层将朝着 3D 立体、环保等功能化方向发展；导流层将沿着复合材料的方向发展，热风复合导流层和打孔膜将是主要发展方向；由于绒毛浆的资源减少，吸收芯层在未来将采用环保功能纤维，朝着复合材料的方向发展；纸尿裤背层将作为生产商打造个性品牌形象的主要渠道，因此背层材料将沿着功能性、个性化的方向发展；弹性材料将被广泛运用在纸尿裤的背层、腿口防侧漏等，提高纸尿裤的贴身性能。

纸尿裤中还可以加入一些智能材料，例如，加入湿敏内衬材料，可以使父母通过材料颜色变化知晓更换纸尿裤的时间。使用可冲散性吸收芯插片，可使婴儿皮肤保持干爽、舒适，不易患尿布疹，减少垃圾填埋量。

8.2　女性卫生用品

卫生巾是女性常用的个人护理卫生用品，被誉为“20 世纪影响人类的十大发明”之一。卫生巾出现在第一次世界大战期间，由在法国服役的美国女护士用绷带加药用棉花制成，这也是今天的卫生巾雏形。1920 年，美国金佰利公司把非织造布及吸水材料方面的技术应用于卫生巾生产中，首创了世界上第一片妇女卫生巾产品。至此，卫生巾作为一种产品得以大量推广和广泛应用。

8.2.1　卫生巾的功能要求

卫生巾的功能要求从大的方面分，可以分成防渗漏、舒适性和使用简易三个方面。首先，防渗漏能力是最重要的，包括经血的吸收功能，不紧贴，不扭曲偏移，贴合身体结构等；第二是舒适性设计，柔软、干爽、不会产生着装不协调感，以及不会导致闷热、皮肤问题等都是其中的重要因素；第三是使用简易的设计，如方便使用、方便携带、方便丢弃等。

与婴儿纸尿裤不同，随着生理天数，也就是经血量的变化，女性对卫生巾的需求也会发生变化。在量多的白天，要求卫生巾可以瞬间全部吸收大量经血，不会向外蔓延，身体活动时，也不会横向渗漏；在量多的夜晚入睡时，希望有尺寸较长的卫生巾，后方不会发生渗漏，能安心睡眠；而在经血量减少的后半期，则重视良好的肌肤触感、使用时的舒适感。

合格的卫生巾产品需要有良好的吸收、防漏、反渗和抑菌等性能，而不合格的产品会引起过敏、湿疹、炎症，甚至导致各种妇科疾病，严重危害女性健康。目前卫生巾执行GB/T 8939—2018《卫生巾（含卫生护垫）》标准。卫生巾技术指标见表8-1。

表8-1　卫生巾技术指标

指标名称	单位	规定
全长偏差	—	±4%
条质量偏差	—	±12%
吸水倍率	倍	≥7
吸收速度	s	≤60
pH	—	4~9
甲醛含量[a]	mg/kg	≤75
可迁移性荧光物质	—	合格
交货水分[b]	—	≤10%
背胶剥离强度	mN	100~800

a 甲醛含量和可迁移性荧光物质作为型式检验项目；

b 交货水分仅作为出厂时的检验项目，不作为其他形式的检验项目。

8.2.2　卫生巾的结构及原料

普通卫生巾的结构和组成材料如图8-2所示，其主体结构是由表层、吸收体、防漏材料和黏合材料组成。表层靠近皮肤，首选打孔热风疏水性非织造材料，其结构蓬松，手感柔软，具有良好的透气性；在表面包覆层与吸收芯层之间，通常有一层导流层，可以促进芯体快速、有效、均匀地吸收液体，减少回渗量；吸收体快速吸收经血，通常选用含有SAP粉末、绒毛浆和吸水纸的热风非织造材料，结构上一般设计为凹槽式；防漏材料是防止血液渗漏的底膜；

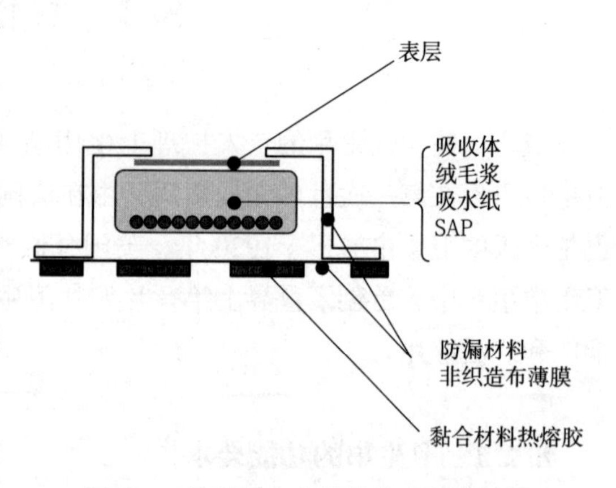

图8-2　普通卫生巾的结构和组成材料

黏合材料可将卫生巾固定在内裤上。有些产品还会增加防止侧漏的侧边“护翼”。对于卫生巾来说，直接接触皮肤的表层和吸收体的高功能化极为重要，也是新价值诞生的原动力。

吸收和舒适性的统一是表层的技术开发研究者追求的主要目标。透气非织造材料是 20 世纪 80 年代的最新技术，很快被用在卫生巾上。除了非常柔软、肌肤触感良好的透气非织造材料面层，20 世纪 80 年代还出现了重大的技术革新，就是采用打孔膜面层。这是对薄膜进行熔融开孔，形成吸收血液的吸收孔，及时把血液吸入内层，从而实现了前所未有的表面干爽感。随着薄膜面层的出现，非织造材料面层的技术也取得重大进步。从过去的平坦面层结构，进化成开孔、立体形状化或垄形结构。可以较快速地吸收血液、同时减少与皮肤的接触面积，从而提高肌肤接触舒适感和干爽感，通过这一技术，卫生巾的性能大幅提高。

在原料选择上，卫生巾可以由棉纤维、黏胶纤维、涤纶或丙纶等原料制成。棉纤维是天然纤维，具有可生物降解性；黏胶纤维是以天然纤维为基本原料，经纤维素黄酸酯溶液纺制而成的再生纤维，在水中吸水速度快，吸水率高达 100%～300%，适宜做卫生巾、婴儿尿片等卫生材料，但降解性不及棉纤维；涤纶的取向度和结晶度较高，单纤维强度高、耐热性较好、耐光性能好、耐酸不耐碱，但不能被生物降解；丙纶的化学稳定性好、无毒，不引起皮肤过敏现象，也不能被生物降解。

环保型卫生巾类材料是卫生巾的发展方向，作为一次性卫生巾类的材料，除要符合其基本的性能要求外，还要具有可生物降解性。以小麦、玉米或其他碳氢类化合物为原料通过发酵变成乳酸，然后聚合而成的 PLA 纤维，可在较短时间内完全被生物降解，或转化成肥料。采用 PLA 纤维制成的个人护理卫生产品可大大减少固体废弃物的量，节省处理成本，有利于保护生态环境。

8.3　成人失禁用品

随着我国老年人口的剧烈增长，老年人的生活照料问题日益凸显，空巢或纯老家庭都将需要专业护理人员的照料；同时，经济的发展以及老年消费者可支配收入的提高、观念的转变都将拉动成人失禁用品市场的高速增长。除人口老龄化以外，疾病、怀孕、分娩、肥胖等原因也使得成人失禁用品成为生活的必需，产品创新主要集中在实现男女之别、功能性细分、提高贴身性和私密性、舒适性、安全性、改善皮肤健康等方面。与发达国家相比，我国成人失禁用品市场还处在起步阶段，但生活观念的不断转变推动了市场规模的快速增长，市场渗透率逐年增高，未来增长空间巨大。

8.3.1　成人失禁用品的分类

根据对失禁患者的评估结果分为尿失禁、便失禁和尿便混合失禁三类。尿失禁分为压力性尿失禁、混合性尿失禁、急迫性尿失禁、完全性尿失禁及其他类型；便失禁分为完全便失禁、不完全便失禁。通常采用护理（尿）垫等对住院失禁患者的尿液或粪便进行隔离保护，不同分类的失禁患者在不同时期需要不同的吸收型失禁护理用品。

8.3.2 成人失禁用品的结构

成人失禁用品的结构与纸尿裤相似，主要包括面层、导流层、吸收芯层和防漏底层。由于成人的单次排尿量为300~500mL，比婴儿的排尿量多很多，在成人失禁用品设计时，会增加吸收芯层中SAP的含量，产品整体厚度也会增加。

8.3.3 成人失禁用品的性能要求

成人失禁用品的反渗量、吸收速率、透湿量、吸收量是衡量此类产品性能的四项典型指标，要求产品干爽透气，能有效缩小潮湿浸蚀范围，缩短浸蚀的时间，有效隔离保护皮肤环境等功能及作用特征。若成人失禁用品在使用过程中出现表面不平整，不能快速吸收并锁住体液、尿液和粪水，反渗量多，吸收体渗漏、分离、结团、黏皮肤、不干爽、不透气等情况，易导致患者皮肤环境潮湿，产生皮肤的刺激，从而加速失禁并发症的发生。

因此，失禁垫、成人尿片（垫）的一般质量参数指标有：具有国家一类医疗器械备案证；毒理学测试达到GB 15979的要求；器械微生物水平符合GB 15979消毒级器械标准的要求，器械以消毒方式提供；无荧光；pH为4~8；反渗量≤12g；吸收速率为多次下渗，第1次8~12s，第2次12~18s，第3次16~24s；透湿量≥2000g/m^2×24h（采用ASTM E96的标准）；吸收量为8000~15000g/m^2（采用ISO 11948.1的标准）。

成人失禁用品的发展和普及减轻了居家养老的护理负担，可以明显提高中老年人的生活质量。现阶段的产品使用仍以中重度失禁人群为主，主要是卧床老人或者因病失禁的患者。在政府支持方面，要达到发达国家的福利水平还有很大的差距，很多地方成人失禁用品还没有被列入医保，一定程度上阻碍了产品的发展。

8.4 湿巾

湿巾是指含有酒精、保湿乳液等功能液体的非织造材料，具有柔软、洁净、卫生、便捷的特点，是人们日常生活中必不可少的一种个人卫生用品。湿巾的用途非常广泛，可用于个人消费和商用多种场合，如民航、家庭、酒店、餐厅、外出旅行等。2018年全球湿巾零售市场规模达到136亿美元。婴儿湿巾占比最大，达58亿美元，占全球湿巾零售市场总额的43%；排名第二的是家用清洁湿巾，达35亿美元；然后依次是化妆湿巾、通用湿巾、湿厕纸以及女性护理湿巾。因女性护理湿巾销售的区域较少，目前零售市场规模很小。增速最快的属通用湿巾和湿厕纸。2013~2018年全球湿巾零售额复合年均增长率超过6%。

随着社会经济的发展和人民生活水平的提高，湿巾的生产和市场发展非常迅速，逐渐成为卫生纸品市场的新宠。

8.4.1　湿巾的原料

湿巾的原料选材广泛，除了考虑成本因素之外，主要视产品的最终用途而定。市面上的湿巾原料基本上是涤纶与黏胶纤维，也有部分是棉纤维、竹浆纤维、木浆纤维和聚乳酸纤维。考虑到湿巾的强度、柔性、手感、吸湿性等性能，在原料方面往往要求黏胶纤维的含量占50%上，再配以聚酯纤维、聚丙烯纤维类的合成纤维。

8.4.2　湿巾的加工技术

湿巾的生产工艺包括热轧工艺、干法造纸工艺和水刺工艺。

8.4.2.1　热轧工艺

湿巾热轧非织造工艺流程为：纤维喂送→开松混合→梳理成网→热轧黏合加固→冷却→成卷。早期的湿巾采用热轧非织造材料作基材，但热轧非织造工艺不宜使用纤维素等吸湿性纤维作原料，因此难以达到产品的吸水性要求，且湿巾用热轧非织造材料保水性差，手感僵硬。

8.4.2.2　干法造纸工艺

干法造纸是先采用气流成网制备纤网，再经加固形成非织造材料的一种新工艺。其主要原料是木浆纤维或称作绒毛浆纤维，属纤维素纤维。通常是由木材经揉搓加工和亚硫酸化处理或直接经强揉搓加工制备，再经漂白形成干法造纸的原料。在干法造纸加工过程中，一般是在绒毛浆纤维中加入部分热熔纤维，成网后经热熔加固形成具有一定强度的非织造材料；也可采用喷撒黏合剂方法加固成型。

湿巾用干法造纸生产工艺流程为：木浆纤维喂送→气流成网→热黏合加固/化学黏合加固→成卷。采用干法造纸工艺得到的湿巾具有较好的吸湿性。在生产过程中采用黏合剂，使得材料的柔软性和手感变差，且在使用过程中木浆纤维容易脱落。

8.4.2.3　水刺工艺

水刺非织造工艺是通过高压水流对纤网进行连续喷射，在水力作用下使纤网中纤维运动、移位而重新排列和相互缠结，使纤网得以加固而获得一定的力学性能。水刺非织造材料具有强度高、手感柔软、悬垂性好、无化学黏合剂以及透气性好等特点。

湿巾水刺用非织造材料的生产流程为：纤维喂送→开松混合→成网→水刺固网→干燥成形→成卷。利用水刺法制得的湿巾不添加任何黏合剂，且原料适用范围广，能够满足吸水性好、面密度低、手感柔软等要求。另外，水刺湿巾还拥有产品种类多、生产成本低等特点。选取不同的原料配比及采用不同花纹的水刺托网帘，还可以开发具有各种吸水能力和结构形式的水刺湿巾。

8.4.3 湿巾原液

原液是湿巾的重要组成部分，其配比、用量会影响湿巾的润湿性、除污性和除菌性能。不同用途的湿巾会根据使用场合来合理配置原液。原液配置工艺流程为：原液用物料→计量→投料→搅拌→加热、灭菌→混合→输送、储存→原液。

湿巾原液的主要成分有以下几种。

（1）水。湿巾中的原液含量约占80%（质量分数），原液含量过高，则使用时会有液体滴落；原液含量过低，则湿巾手感较干。而在原液中，90%（质量分数）为经过特殊处理的水。

（2）保湿剂。湿巾中的保湿剂一般采用丙二醇，可以帮助原液中的主体成分溶解，并起到抗菌和防腐的作用。

（3）防腐剂。湿巾中的防腐剂通过分解破坏菌体结构来破坏其新陈代谢，从而杀死各类细菌、真菌和酵母菌。但大多数防腐剂对人体有危害，因此，湿巾中的防腐剂种类和用量都有很严格的要求。

（4）抗菌剂。抗菌剂的种类很多，可以消灭细菌，抑制细菌繁衍。

（5）非离子表面活性剂。具有良好的去除污垢和油脂的作用。

（6）功能性药液。如含有天然杀菌剂甘菊油的桉树叶精华，具有保湿滋润效果的芦荟精华，具有杀菌消毒作用的酒精等。

8.4.4 湿巾的发展趋势

（1）可冲散湿巾。可冲散湿巾在预期使用条件下，能够保持抽水马桶和排水管道系统的畅通；与现有的污水输送、处理、再利用和处置等系统相容；在合理的时间内，废弃物变得可识别，并且对环境友好。

（2）生物可降解湿巾。在生物活性的作用下，特别是在酶的作用下，湿巾的化学结构发生明显降解反应，该反应不受时间限制。ASTM D5338 规定，生物可降解湿巾废弃物应能够进行堆肥化处理或是可矿化的，即它能够被分解为各种无机成分。

8.5 面膜

面膜最早起源于医学上皮肤的治疗，后来被运用在面部保养上。敷用面膜是最直接的护肤方式，它可有效清洁肌肤、补充皮肤营养，坚持做面膜可使面部皮肤细腻光滑，延缓皮肤衰老，如今面膜越来越受到消费者欢迎。

近年来，随着人民生活水平的不断提高，人们对于化妆品尤其是面膜的消费观念发生巨大转变，人们对于面膜的认知程度不断加深，面膜的销量呈井喷式增加。随着消费理念越来越丰富和成熟，面膜的消费人群也由传统的年轻女性向男性扩展，使用频率不断增加。

8.5.1　面膜的种类

面膜按材质可以分为无基布面膜和基布面膜两大类。

（1）无基布面膜。无基布类面膜包括水溶性聚合物面膜和涂剂面膜两类。水溶性聚合物面膜呈液态冻胶状，加入水溶性的护肤成分，涂到脸上会逐渐失去水分而凝固成膜，通过冻胶达到美容效果。涂剂面膜内是固态粉末状，在使用时添加调和液体敷到面部，干后收缩产生收缩效果，对面部皮肤起到有效的清洁作用。

（2）基布面膜。基布类面膜的市场份额较大，约占国内市场的80%。这种面膜主要以基布为载体，辅以各种不同效果的营养液，提高了皮肤对于营养成分的吸收速度与吸收量，并能迅速改善皮肤保养效果。基布面膜多以非织造材料为基布，它具有柔软、舒适、棉制品感强、对皮肤无刺激、保水性好、孔隙率高和物美价廉的特点，能很好地将美白、保湿、促进循环等多种功能集于一体，是目前市场上较普遍和成熟的面膜产品。

非织造布种类繁多，能够用于面膜的非织造产品有热轧非织造材料、纺粘非织造材料、水刺非织造材料和熔喷非织造材料等，其中以水刺非织造材料应用最多，因为它手感绵软，质地可人，孔隙率高，保湿性能好，能够保证面膜携带大量的营养液，保证皮肤充分吸收。

营养液主要成分是提取自植物、动物或者天然矿物质等有效成分，采用相应工艺和技术提炼浓缩而成。它的主要功能在于保湿、美白和提供肌肤所需要的营养及水分，延缓皮肤衰老。

8.5.2　面膜的功效

（1）美白。目前一般把面膜视为一种美容保养品的载体，将其敷到脸上能将面部肌肤与空气隔离，像给皮肤“盖上被子”，使皮肤温度上升，促进面部血液循环，促使毛孔打开，加快汗腺分泌汗液，汗液透过毛孔将其中的杂质污染物以及皮肤新陈代谢产物携带出皮肤。面膜中水溶性的营养成分和水分还能改善皮肤干燥缺水现象，延缓皮肤老化，抑制皱纹的产生，从而达到美白效果。

（2）保湿。面膜敷到脸上，会在面部形成密闭的空间，使面膜内的水分慢慢地渗透进入表皮细胞，让皮肤充分吸收水分。同时面膜中的营养物质会滋养深层细胞，减缓皮肤的干燥与衰老。

（3）促进循环。面膜紧紧贴附在皮肤上，促使体温升高，加快了面部的血液循环，可给皮肤带来更多养分，促使废物排出，起到清洁细胞的作用，让细胞更有活力。同时毛细血管扩张，消除皮肤疲态，加速循环。

（4）紧致肌肤。面膜敷在脸上，细胞在充分补充水分以后，体积吸水变大，皮肤变得有光泽。同时毛孔收缩，会把皮肤适度地收紧，产生紧绷感，皮肤拉紧收缩，皱纹变浅变淡，皮肤变得更有弹性。

8.5.3 面膜基布的性能要求

面膜基布的性能对于面膜至关重要，基布性能的好坏直接影响面膜的使用和美容效果。随着社会发展，人们对于新型面膜基布还将不断提出新的要求，目前对面膜用非织造布性能的要求主要有以下几个方面。

（1）良好的力学性能。良好的力学性能是面膜基布需要具备的最基本的要求，面膜是由大卷的非织造材料裁切而成，需要将其在拉平状态下裁切成面部形状，在裁切过程中非织造布需要承受一定的拉伸强力，因此干态下的强力要保证其不被拉伸变形并可裁切成型；裁好的面膜基布浸入营养液后取出时，由于纤维素类纤维和壳聚糖类纤维等的湿态强力会下降20%以上，而且贴服到脸上往往会褶皱不平，需要有轻微的拉拽调整，需要承受一定的拉力，因此面膜基布在干、湿态下均需要具有一定的强力和伸长性能。

面膜基布的力学性能与纤维本身的强力、基布的面密度（克重）和厚度有关。一般来说，纤维强力越高，基布的强力也高，反之强力弱；基布的面密度和厚度越大，其强力也越高，反之强力越弱。除此之外，水刺效果也十分重要，可引用缠结系数来表征基布的缠结效果。

（2）良好的保液能力。由于面膜的美容效果是通过面膜基布携带的营养液实现的，面膜基布作为营养液的载体，携带营养液的多少直接影响面膜的使用效果。基布持液量太少，美容效果不明显，同时由于皮肤的吸收以及本身的挥发，面膜很快变干，引起面膜从皮肤反吸水分，起不到保养的作用。因此面膜基布需要有良好的持液能力。

纤维的吸湿能力与纤维本身的组成以及分子结构有关。对于特定的纤维，非织造材料的持液能力主要与比表面积和空间结构有关。纤维表面的分子比内部分子含有更高的表面能，纤维表面与水分子接触，形成固—液界面，纤维表面会产生吸附作用来降低表面能。非织造材料的比表面积越大，表明非织造材料内的纤维具有更强的吸附能力，可以吸附更多的水分子，同时由于水分子自身的极性，产生间接吸附，使非织造材料可以携带更多的液体。

水刺非织造材料是由纤维相互纠结缠绕而成的，因此在内部纤维之间会形成许多狭小的空间结构，由于纤维表面的吸附作用，会形成毛细现象，水分可以保持在空隙内，从而使基布能携带大量水分。

面膜的持液保湿能力还与纤维内部的伴生物和杂质有关，比如棉纤维含有的棉脂、蜡质会降低纤维的吸液能力。对合成纤维来说，其表面会残留生产过程中的油剂，如果油剂亲水，能提高基布的吸水能力，如果油剂拒水，会降低基布的吸水能力。

（3）良好的透气性和透湿性。为了让营养液充分吸收，面膜需要在脸上敷一段时间，一般为15~20min，这段时间内面膜会与面部形成一个封闭空间，促进面部的血液循环，加快营养液的吸收，达到美容效果。面膜的透气性和透湿性对于面膜舒适性有显著的影响。如果透气性和透湿性好，能保证氧气与水蒸气顺畅地通过面膜基布，给顾客带来较好的使用体验；如果透气性和透湿性不好，会带来不适感，起不到美容效果，甚至对皮肤造成伤害。

面膜的透气性取决于面膜基布非织造材料孔径的大小及孔隙的数量，同时与纤维的形状、基布的几何结构有关，大多数异形截面的非织造材料比圆形截面的非织造材料透气性好。吸水性好的非织造材料透气性较差，是由于纤维吸湿膨胀，体积变大，纤维间的空隙变小而造成的。

（4）良好的贴服性。面膜的贴服性，一方面指湿态下敷到脸上后面膜与面部肌肤的贴合程度，另一方面指面膜携带的营养液被吸收后面膜不会凸起。由于人的面部不平整，鼻翼、眼周边部分的曲线和凹凸会对面膜与皮肤贴合造成影响，面膜与面部肌肤贴服程度直接影响肌肤对营养成分的吸收。因此，面膜的贴服性对于面膜有至关重要的影响，面膜基布贴服性好，才能使面膜紧密地贴敷到脸上，使营养液发挥作用，达到最佳美容效果。因此，要选用柔软、贴服性好的非织造材料，而水刺非织造材料吸湿好、柔软、强度高、手感好，这些特点也有利于水刺非织造材料应用于面膜领域，使其成为面膜基布的首选。

8.5.4 面膜基布的原料及生产技术

8.5.4.1 面膜基布的原料

面膜基布可使用的纤维种类十分广泛，满足用户对于面膜基布多样化的要求。随着面膜行业的发展，面膜基布从单一的载体作用向着功能化方向发展，面膜基布不仅作为营养液的载体，同时被赋予了美白、透明、抗菌等新功能。纤维是面膜基布功能的载体，纤维性能越好，越能促进营养物质吸收，营养液的作用越能发挥，皮肤循环也会越好，因此纤维对于面膜基布的功能有着至关重要的影响。随着技术的进步和新型纤维的开发，非织造材料面膜基布的生产技术和原料使用也在日新月异地发生着改变。同时面膜基布用纤维向超细化发展，能促使营养成分渗入皮肤深层。

随着新材料不断开发，面膜产品的技术含量逐渐提高，大量新型纤维如铜氨、聚乳酸、莫代尔、海藻和壳聚糖纤维得到广泛应用。由棉短绒等纤维素生产的铜氨纤维和莫代尔纤维有优越的性能，在保持纤维素纤维特性的前提下，又能够提高产品透明度；各种新型的生物纤维，如聚乳酸、海藻、壳聚糖类纤维贴服性好，持液能力强，透气性好，有很好的抗菌效果，生物相容性好，无排异，不刺激。生物纤维可生物降解，添加到面膜基布内，在保证原有的性能基础上，同样具有柔、透、薄等特性，不仅让面膜拥有其他材质无法比拟的效果，同时增加了产品的附加值。其中，壳聚糖纤维应用在水刺非织造工艺中制备的面膜基布，特别适用于敏感性肤质。

8.5.4.2 面膜基布的生产技术

市场上面膜多是采用水刺加工。水刺法是一种相对较新的非织造材料加工技术，是利用水流在高压下对纤网进行冲击，促使纤网中的纤维穿插缠结抱合而成。同时，对于水质也有较高的要求，水中应无杂质，防止堵塞水循环系统的通道。这也决定了水刺非织造材料与生俱来的特点：无环境污染，不损伤纤维；不使用化学黏合剂，不含其他杂质；不会对人体产生损害，纤维相互抱合不掉毛；产品柔软，手感好，强度高，吸水性好。这些特点也有利于水刺非织造材料应用于面膜领域，推动了国内传统化纤和差别化纤维的发展。

8.6 眼贴膜

眼部周围皮肤较薄，睑部组织疏松，当下睑皮肤、皮下组织老化，下睑支持结构松弛或薄弱，以及眼部组织代谢不畅，造成淋巴、水分和脂肪积聚，而逐渐膨隆外凸呈袋状，即形成下眼袋。眼袋的形成与遗传因素、脾胃功能、饮食习惯有关。脾胃虚弱者眼袋呈松弛皱褶状；或饮食不节制、饮酒、食肉过多者眼袋呈鼓胀饱满状。

根据用途不同，眼贴膜可以分为医用防护眼贴膜和美容眼贴膜。医用防护眼贴膜包括头面部全麻手术病人眼部防护贴膜、眼局部雾化治疗眼贴膜和神经外科显微手术病人眼贴膜等；美容眼贴膜包括胶体眼贴膜、中草药眼贴膜和纸质眼贴膜等。

8.6.1 医用防护眼贴膜

8.6.1.1 头面部全麻手术病人眼部防护贴膜

头面部手术选择合适的麻醉方法，对于术后眼部并发症的预防十分重要。对于手术时间长、出血较多、手术难度高及心理极度紧张的患者，需要全身麻醉才能完成手术。由于麻醉药品的肌松作用，使眼睑肌肉松弛消除了正常的机械性眼睑闭合，会使患者在术后出现畏光、流泪、异物感以及眼痛等不适。手术前 30min 应用抑制腺体分泌的麻醉辅助药，也可能加重球结膜的干燥。以往全麻病人术中护理主要是对四肢的保护，往往会忽视眼部的护理。结膜炎一般发生在术后 1~48h 以内，患者全麻清醒后既感双眼疼痛、畏光、流泪，并伴有明显充血水肿、眼分泌物增多。

有研究采用金霉素眼膏外贴 3M 眼贴膜保护双眼，减少手术后并发症的发生。金霉素眼膏具有消炎、保湿、润滑作用，且无损伤作用，可防止手术中的细菌感染，使双眼表面形成一层保护膜以减少水分蒸发，降低因干燥摩擦时对角膜的物理损伤，3M 眼贴膜具有防过敏性、透气性能好、皮肤黏合性强、固定方法简单等特点，使用时只需贴在眼部皮肤即可，能防止消毒液流入或溅入眼内损伤眼睛。

8.6.1.2 眼局部雾化治疗眼贴膜

临床护士在为患者进行眼局部雾化操作的过程中，使用眼撑开器的侵入性操作使患者眼部不适，不能使用眼撑开器的患者往往又不能按照要求睁开眼，致使滴入的药液不能充分弥散地分布在结膜、角膜上，药液流失较多，影响疗效。可在眼局部雾化治疗前将两条 3M 透明眼贴膜分别粘贴于上下眼睑。操作时护士一手持眼药，另一手牵拉一条眼贴膜，将药液滴入结膜、角膜上，从而利于吸收，减少了药物的流失，保证了疗效。

8.6.2 美容眼贴膜

眼睑的皮肤最薄，其老化最易被察觉也最易被重视。眼袋是指下眼睑皮肤松垂臃肿所形成的月牙样的袋状外貌，是由于眼睑皮肤松弛、眶隔薄弱、眶脂膨隆、轮匝肌肥厚以及诸多因素导致眼睑皮肤向前隆起造成的，且随着年岁的增长越发明显。眼袋虽然不直接影响人们的身体健康，但会给人一种萎靡不振、老态的感觉，使人们在自我审美中产生对自我评价不满的心理感觉，因此，应在日常的生活中防止眼袋的发生以及减轻眼袋的推进过程。

8.6.2.1　胶体眼贴膜

在绿色环保理念的倡导下，拥有原料安全、稳定和无毒副作用等诸多优点的纯天然化妆品备受人们关注。魔芋葡甘聚糖（KGM）具有优良的成膜性、保水性和凝胶性。利用 KGM 这些特性制成的胶体眼贴膜，对皮肤有很好的润滑和保湿作用，能防止皮肤脱水，阻止阳光直射，并可改善皮肤对化妆品的感触。大豆分离蛋白（SPI）含有人体多种必需氨基酸和微量元素，具有很高的营养价值及保健功效，沿着它的肽链骨架，含有很多极性基团。SPI 眼贴膜具有较好的吸水性、凝胶性、保水性和膨胀性。胶原蛋白作为一类十分有效的化妆品原料，近年来发展很快，它是由 19 种氨基酸组成的天然蛋白质，与人体皮肤胶原的结构相似，具有低抗原性、良好的生物相容性。有研究表明，0.01%的胶原蛋白纯溶液就有良好的抗各种辐射的作用，且能形成很好的保水层，能供给皮肤所需要的水分，具有保湿、滋养、紧肤和防皱等功效。

8.6.2.2　中草药眼贴膜

预防及改善眼袋的方法很多，可以采用针灸、按摩、药膳、中药外敷、中药内服、西药内服、物理治疗、化妆品、改变生活习惯、手术祛除等。中医学认为眼袋是由于气血亏虚，不能上荣于目，或因水湿内停，阻于眼部脉络而导致眼睛周围形成向外隆起貌似袋状外观的疾病。以人参、黄芪、当归、珍珠、芦荟、茯苓等中草药为主要成分的中草药眼贴膜，可有效舒缓眼部肌肉，消除红肿。

8.6.2.3　纸质眼贴膜

纸质眼贴膜与基布类面膜类似，是由水刺非织造材料与植物提取精华、动物或者天然矿物质等有效成分的营养液组合而成（图 8-3）。

图 8-3　市场上眼贴膜产品

思考题

1. 婴儿纸尿裤中包含哪些组成部分？各部分的作用是什么？

2. 除了本章介绍的卫生护理用非织造产品，我们还能在日常生活中找到相似的卫生护理用非织造产品吗？请详细分析该产品的结构和性能，试分析是否可以选用其他产品代替该产品。

3. 大多数卫生护理用非织造产品使用一次后便即刻丢弃，属于“用即弃”产品。在垃圾处理过程中，这些废弃的、污染过的产品会给环境带来一定的危害。请选择一类卫生护理用非织造产品，详细分析该产品的特点，设计一款符合环保要求的新产品，选择恰当的垃圾处理方法，并说明原因。

第 9 章　生物医用非织造材料的测试

生物医用非织造材料与人体健康息息相关，在使用时，不仅须具备相关的力学性能，还需要有满足某种或某些特殊要求的性能或功能。此外，作为人体内植入物的材料，生物医用非织造材料还不能对人体的组织、血液、免疫系统等产生不良反应。因此，对生物医用非织造材料的物理力学性能、化学结构组成以及其与人体接触时的生物相容性、安全性等指标进行分析测试与评估，具有十分重要的实际意义。

然而，生物医用非织造材料种类繁多，产品形式和应用领域也比较广阔，特定的产品往往有特定的测试指标和性能要求。本章将对材料的物理特性、化学表征、生物相容性、功能性等方面的常用测试指标做简要介绍。

9.1　物理特性

非织造材料比较常见的物理特性指标有力学性能、表观厚度、面密度等。而对生物医用非织造材料而言，有相当一部分是医疗卫生用非织造材料，如婴儿纸尿裤、妇女卫生巾、成人失禁裤、医用防护服等，这类材料使用时与皮肤直接接触，其柔软性会直接影响使用者的感受，故本节也将柔软性作为一项物理特性指标进行简要介绍。

9.1.1　力学性能

材料的力学性能是指材料在不同环境（温度、介质、湿度）下，承受各种外加载荷（拉伸、压缩、弯曲、扭转、冲击、交变应力等）时所表现出的力学特征。非织造材料在使用过程中会受到拉伸、撕裂、顶破、冲击、摩擦等作用，主要测试指标有断裂强力、断裂伸长率、顶破强力、撕破强力等。

9.1.1.1　断裂强力和断裂伸长率

一般采用条样法测定非织造材料的断裂强力和断裂伸长率。其原理是对规定尺寸的试样，通过拉伸试验仪沿其长度方向施加产生等速伸长的力，自动记录施加于试样上的力和夹持器的间距，进而计算得到平均断裂强力和断裂伸长率。试样的取样、准备、测试程序以及结果的计算与表示可参考测试标准 GB/T 24218.3。

9.1.1.2　顶破强力

非织造材料的顶破强力是指在规定条件下，作用于材料平面的垂直方向，使材料扩张而致破裂所需要的力。一般采用钢球顶破法测试材料的顶破强力，其原理是将试样夹持在固定基座的圆环形夹持装置内，钢球顶杆以恒定的移动速度垂直地顶向试样，使试样变形直至破裂，测得顶破强力。测试所用的仪器及试验步骤可参照标准 GB/T 24218.5。

9.1.1.3 撕破强力

非织造材料在使用时，有时会被锐物钩住或切割形成裂缝，或者受到不均匀分布载荷的作用，使材料从受到张力的边沿部分开始逐渐撕裂，材料抵抗这种撕裂变形的能力称为撕破强力，以材料撕裂时能承受的最大负荷来表示。

撕破强力的测试方法常用的有舌形法、梯形法和落锤法等，我国纺织行业标准中规定采用的是梯形法和落锤法。值得注意的是这些方法所测得的结果不一定是一致的。一般认为，梯形法适用于各种非织造材料，而落锤法只适用于面密度在 120g/m^2 以下的薄型非织造材料。

（1）梯形法原理。将画有梯形的条形试样，在其梯形短边中点剪一条一定长度的切口作为撕裂起始点，然后将梯形试样沿夹持线夹于强力试验机的上下钳口内，对试样施加连续增加的负荷，使试样沿着切口撕裂，并逐渐扩展直至试样全部撕断。

（2）落锤法原理。一块近似半圆形试样被加紧于落锤式撕破仪的动夹钳和定夹钳上，在两夹钳之间即试样中间开一个切口，利用扇形摆锤从垂直位置下落到水平位置时的冲力使动夹钳和定夹钳中的试样迅速撕裂。

9.1.2 表观厚度

表观厚度是指试样在厚度方向上不发生明显变形的轻压强作用下测得的正反两面之间的距离。测量原理是：将非织造材料试样放置在水平基准板上，用与基准板平行的压脚对试样施加规定压力，记录基准板与压脚之间的垂直距离作为试样厚度。取样时按产品标准相关规定或有关方协议取样，并确保试样上无明显疵点和褶皱。测试标准可参照常规非织造材料的厚度测试标准 GB/T 24218.2。

9.1.3 面密度

非织造材料的面密度也叫单位面积质量，也称为克重，单位为 g/m^2。生物医用非织造材料面密度的测试可参照常规非织造材料面密度的测试标准 GB/T 24218.1。

9.1.4 柔软性

织物的柔软性是指人体在触摸抓捏织物时得到的生理感受通过神经系统传递到大脑而形成的一种印象，其受生理及心理等因素的影响。从织物力学性能的角度来讲，织物的柔软性是指受到外力作用时织物在弯曲、拉伸、压缩、表面平滑度及厚度等方面的综合反映。

非织造材料柔软性的评判分主观评价法与客观测试法两大类。主观评价法也称人体触觉法，是基于人手触摸非织造材料得到的感觉再结合对材料的视觉印象而做出的一种评价。主观评价法存在无法排除主观任意性和无法定量化这两大缺陷，评价结果受人为因素影响很大。客观测试法中比较有代表性的是单面压缩测试法，通过单面压缩测试仪测试低张力下张紧试样的接触与变形特征，获得主体压缩硬度、压缩功、压缩比功等指标。其中，主体压缩硬度反映的是试样主体受压变形的难易程度，可表征材料的柔软性。

9.2 化学表征

材料的化学表征实际上就是对材料进行鉴别，通过鉴别材料的组分，可以研究出每种组分的内在毒性，这是评价材料生物安全性过程中的首要步骤。生物医用非织造材料的表征包括对材质的表征和化学溶出物的分析。根据不同的材料使用时间和使用部位的不同，采取定性或定量的不同测试方法。通常分析的指标有化学结构、化学链构型、添加剂或加工残留物、表面组成、分子量等，常用的方法有光谱法、色谱法、核磁共振、X射线衍射分析等。几种常见的测试方法及原理介绍如下。

9.2.1 红外光谱（infrared radiation，IR）

红外光谱法是一种根据分子内部原子间的相对振动和分子转动等信息来确定物质分子结构和鉴别化合物的分析方法。分子能选择性吸收某些波长的红外线，进而引起分子中振动能级和转动能级的跃迁，检测红外线被吸收的情况可得到物质的红外吸收光谱。每种分子都有由其组成和结构决定的独有的红外吸收光谱，将一束不同波长的红外射线照射到物质的分子上，某些特定波长的红外射线被吸收，形成这一分子的红外吸收光谱。因此，红外光谱具有高度特征性，可用于研究分子的结构和化学键，也可以作为表征和鉴别化学物质的方法。

9.2.2 傅里叶变换红外光谱（Fourier transform infrared spectroscopy，FTIR）

傅里叶变换红外光谱法是通过测量干涉图和对干涉图进行傅里叶变化的方法来测定红外光谱，不同于色散型红外分光的原理。光源发出的光被分束器（类似半透半反镜）分为两束，一束经透射到达动镜，另一束经反射到达定镜。两束光分别经定镜和动镜反射再回到分束器，动镜以一恒定速度做直线运动，因而经分束器分束后的两束光形成光程差，产生干涉。干涉光在分束器会合后通过样品池，通过样品后含有样品信息的干涉光到达检测器，然后通过傅里叶变换对信号进行处理，可得到透过率或吸光度随波数或波长变化的红外吸收光谱图。

基于上述原理的仪器称为傅里叶变换红外光谱仪，其主要由红外光源、光阑、干涉仪（分束器、动镜、定镜）、样品室、检测器及各种红外反射镜、激光器、控制电路板和电源组成。通过该仪器可对有机物、无机物、聚合物、蛋白质二级结构、包裹体、微量样品进行定性或定量分析，比如，检定未知物的官能团、测定化学结构、观察化学反应历程、区别同分异构体、分析物质的纯度等。

9.2.3 紫外—可见吸收光谱（ultraviolet and visible spectrum，UV）

紫外—可见吸收光谱是物质中分子吸收200~800nm光谱区内的光而产生的。这种分子吸收光谱产生于价电子和分子轨道上的电子在电子能级上的跃迁。当这些电子吸收了外来辐射的能量就从一个能量较低的能级跃迁到一个能量较高的能级。因此，每一跃迁都对应着吸收一定的能量辐射。具有不同分子结构的各种物质，有对电磁辐射显示选择吸收的特性。吸光光度法就是基于这种物质对电磁辐射的选择性吸收的特性而建立起来的，其光谱属于分子吸收光谱。

利用紫外可见光谱法工作的仪器称为紫外—可见光谱仪，由光源、单色器、样品池（吸光池）、检测器、记录装置组成，可用于化合物的鉴定、纯度检查、异构物的确定、位阻作用的测定、氢键强度的测定以及其他相关的定量分析。

9.2.4 高效液相色谱（high performance liquid chromatography，HPLC）

色谱法是一种分离技术，包括气相色谱法、凝胶色谱法、液相色谱法三种。高效液相色谱法是色谱法的一个重要分支，是以高压下的液体为流动相，并采用颗粒极细的高效固定相的柱色谱分离技术。

当流动相中携带的混合物流经固定相时，其与固定相发生相互作用。由于混合物中各组分在性质和结构上的差异，与固定相之间产生的作用力的大小、强弱不同，随着流动相的移动，混合物在两相间经过反复多次的分配平衡，使得各组分被固定相保留的时间不同，从而按一定次序由固定相中流出。试样混合物的分离过程也就是试样中各组分在色谱分离柱中的两相间不断进行着的分配过程。在柱内各成分被分离后，进入检测器进行检测，即可实现对试样含量、纯度的分离分析。

高效液相色谱对样品的适用性广，不受分析对象挥发性和热稳定性的限制，因而弥补了气相色谱法的不足。在目前已知的有机化合物中，可用气相色谱分析的约占20%，而80%则需用高效液相色谱来分析。

9.2.5 差示扫描量热法（differential scanning calorimeter，DSC）

差示扫描量热法是在程序控制温度下，测量输入物质和参比物的功率差与温度关系的一种技术。物质在受热或冷却过程中，当达到某一温度时，往往会发生熔化、凝固、晶型转变、分解、化合、吸附、脱附等物理或化学变化，并伴随有焓的改变，因而产生热效应，温度控制系统表现为样品与参比物之间有温度差。记录两者温度差与温度或者时间之间的关系曲线就是差热曲线。曲线离开基线的位移，代表样品吸热或放热的速率；曲线中的峰或谷所包围的面积，代表热量的变化。

基于该技术的仪器称为差示扫描量热仪，通过其可以测定多种热力学和动力学参数，如比热容、反应热、转变热、相图、反应速率、结晶速率、高聚物结晶度、样品纯度等。该法使用温度范围宽（-175~725℃）、分辨率高、试样用量少。适用于无机物、有机化合物及药物分析。

9.2.6 热重分析（thermogravimetric analysis，TG 或 TGA）

热重分析是指在程序控温条件下测量待测样品的质量与温度变化关系的一种热分析技术，可以用来研究材料的热稳定性和组分。

许多物质在加热或冷却过程中除了产生热效应外，往往有质量变化，其变化的大小及出现的温度与物质的化学组成和结构密切相关。因此，利用在加热和冷却过程中物质质量变化的特点，可以区别和鉴定不同的物质。热重分析就是在程序控制温度下测量获得物质的质量与温度关系的一种技术，其特点是定量性强，能准确地测量物质的质量变化及变化的速率。

TG 分析的是温度和样品质量之间的关系，那么在温度变化过程中，存在质量变化的反应，基本都能够通过 TG 曲线表现出来。在实际中这样的反应包括：①物理变化，如蒸发、升华、吸收、吸附和脱附等；②化学反应，TG 曲线也可提供有关化学现象的信息，如化学吸附、脱溶剂（尤其是脱水）、分解和固相—气相反应（如氧化或还原）等。

一般说来，TG 只能分析在温度变化过程中存在质量变化的反应，但是实际中很多反应在温度变化过程中是不存在质量变化的，如相转变（如石英的 α 相向 β 相转变）、玻璃化转变等，此时可以结合 DSC 或 DTA 来进行分析（因为发生相转变过程中存在吸/放热）。

9.2.7 动态力学热分析（dynamic mechanical thermal analysis，DMTA）

动态力学热分析也被称作动态力学谱图，是一种对材料进行测试和表征的技术，最主要的应用是研究聚合物的黏弹性和黏弹行为。该技术通过测试对材料施加正弦应力时材料所发生的应变来获得复合模量的大小，改变测试温度和应力的频率即可得到不同的复合模量。可以利用该技术来确定聚合物由于其分子发生不同程度运动而导致的各种特征拐点，如聚合物的玻璃化转变温度 T_g、熔点、分解温度等。

9.2.8 X 射线衍射（X-ray diffraction，XRD）

X 射线衍射是通过对材料进行 X 射线衍射，分析其衍射图谱，获得材料的成分、材料内部原子或分子的结构或形态等信息的研究手段。X 射线打在原子周期排列的晶体上时会产生衍射图谱，X 射线衍射图谱反映了晶体内部原子的排列方面的信息，不同晶体的原子排列方式是不同的，因此，通过衍射图谱就能确定晶体的种类、相成分等一系列信息。

9.2.9 气相色谱—质谱联用（gas chromatograohy-mass spectrometry，GC—MS）

气相色谱—质谱联用是将气相色谱仪器（GC）与质谱仪（MS）通过适当接口相结合，借助计算机技术进行联用分析的技术。

气相色谱法是色谱法中的一种，它与上文所述的液相色谱法的区别是流动相为惰性气体（氮气、氦气）。质谱仪是分离和检测不同同位素的仪器，其根据带电粒子在电磁场中能够偏转的原理，按物质原子、分子或分子碎片的质量差异进行分离和检测物质组成的一类仪器。气质联用仪是通过直接接口或分流接口协调联用气相色谱和质谱两个部分的仪器，广泛应用于复杂组分的分离与鉴定，其具有 GC 的高分辨率和 MS 的高灵敏度，是生物样品中药物与代谢物定性定量的有效工具。

9.3 生物相容性评价

9.3.1 生物相容性

当生物医用材料或器械与机体接触或植入人体后，材料会对机体产生作用，同时机体也会对材料产生影响。材料或器械通过机械作用、渗透溶出、降解产物等对宿主产生局部和全身生物学反应，宿主对这种反应的容忍程度称为生物相容性；宿主的体内组织细胞、酶、自由基及物理作用对材料物理性能、化学性能的影响称为材料的生物稳定性。材料对机体的生物反应性越小表明材料的生物相容性越好，反之则越差；材料在体内理化性能变化越小，生物稳定性越好，反之则越差。

生物医用材料与人体接触或植入人体后的生物学反应是一个非常复杂的过程，主要包括组织反应、免疫反应、血液反应和全身反应。影响生物材料生物相容性的因素有：材料表面的特性，聚合物材料化学成分，医用管道的黏合剂，生物材料的交联剂，材料的降解产物，物理和机械作用等。

9.3.2 生物相容性评价内容

生物医用非织造材料的生物相容性评价应从微观至宏观、从局部至整体、从静态至动态等反应过程的规律和结果进行综合性评价。目前，我国的生物相容性评价内容包括十六项，分别是溶血试验评价、细胞毒性试验评价、急性全身毒性评价、过敏试验评价、刺激试验评价、植入试验评价、热原试验评价、血液相容性试验评价、皮内反应试验评价、生物降解试验评价、遗传毒性试验评价、致癌性试验评价、生殖和发育毒性试验评价、亚急性毒性试验评价、慢性毒性试验评价、药物动力学试验评价。本节将就生物医用非织造材料的降解进行详细介绍，其他各项内容的评价可参考标准 ISO 10993 或 GB/T 16886。

9.3.3 降解

聚合物的降解是指在热、光、机械、生化环境、微生物等外界作用下，聚合物分子链发生了无规则断裂、侧基和低分子的消除反应，导致聚合物分子量下降和性能变坏的现象。完全不降解的材料在生理环境条件下几乎不存在，绝大多数材料都或多或少会发生降解。

生物医用高分子材料由于其自身性质和应用环境的原因更容易产生降解和失效。例如，体液引起水解导致聚合物链断裂、交联或相变，导致材料性能改变；体内自由基引起氧化降解，导致聚合物链断裂或交联；各种酶形成的催化降解，导致材料结构和性能改变；另外，材料的形态等物理因素也会影响其在体内的降解。

此外，在生理环境中，某些医用材料还会发生吸收和浸析。吸收是指材料在体液或血液中因吸收某些成分而改变其性能的过程，可使某些医用材料产生塑化反应，导致材料的弹性模量降低和屈服应力升高；生理环境对材料也有浸析作用，例如，通过对聚合物中增塑剂的浸析，也可使材料的屈服强度提高和屈服应力降低。

评价材料降解的方法有体外试验和体内降解试验。

9.3.3.1　体外试验

体外试验有体外水解试验、体外氧化试验和体外酶解试验。

（1）体外水解试验。可采用模拟体液，人工唾液、人工血浆等溶液在（37±1）℃下进行，时间可持续 1、3、6 或 12 个月。若进行加速降解试验时，温度一般为（70±1）℃，时间为 2 天和 60 天。

（2）体外氧化试验。一般采用 3%过氧化氢水溶液，由于含氧化剂溶液随着温度的升高和时间的延长，其氧化剂浓度也随之变化，因此要求定期（一般为 1 周）更换含氧化剂溶液。

（3）体外酶解试验。常用胃蛋白酶、溶菌酶、尿素酶、糜蛋白酶、组织蛋白酶、胰蛋白酶、胶原蛋白酶等酶的溶液在 37℃下进行体外酶降解试验。在试验中或试验结束后应对材料的理化性能进行分析，并对降解后的产物进行定量和定性分析。

9.3.3.2　体内降解试验

将材料植入动物体内后在不同时间点（1 周、2 周、4 周、12 周、24 周和 48 周）后将材料取出，对材料的理化性能进行分析，对降解产物在体内的吸收、分布和排泄，可采用同位素标记方法进行研究。

9.4　抗菌性能

生物医用非织造材料往往还具有一定的功能性，如抗菌性、过滤性、阻隔性、透气性、舒适性、抗静电性、抗渗透性等。根据产品种类及要求不同，其功能性指标及测试方法也不相同。本节对具代表性的抗菌性能进行简要介绍，其余指标在此不再冗述。

9.4.1　抗菌的原理

很多抗菌材料具有杀菌、抑菌性能的主要原因是添加了抗菌剂。抗菌剂分为无机抗菌剂和有机抗菌剂两类。

（1）无机抗菌剂。包括金属离子（Ag、Cu、Zn 等）型（如银—沸石、银—活性炭、银—硅胶、银—磷酸盐等）和氧化物光催化型（如 TiO_2、ZnO、MgO 等）无机抗菌剂，将其制成纳米级后，由于比表面积增大，可以更好地吸附微生物，所以有更好的抗菌效果。

(2) 有机抗菌剂。包括天然、低分子和高分子有机抗菌剂。天然抗菌剂来自天然提取物(如壳聚糖、甲壳质等)，还包括桧柏、艾蒿、芦荟等的提炼产物，其耐热性差，应用范围窄；低分子有机抗菌剂主要有季铵（鏻）类、吡啶、胍类、卤代胺等，往往因受热或溶出而丧失抗菌性能，毒性大、对环境污染大、不易加工且使用寿命较短，若将这些有机抗菌剂抗菌活性基团的单体直接聚合或通过无机金属离子、有机抗菌基团改性或无机/有机抗菌基团共同修饰得到高分子有机抗菌剂，其抗菌活性更高，而且性能稳定、易加工、抗菌长效。

9.4.2 抗菌性能测试

抗菌性能试验方法主要分为定性和定量两类测试。测试的菌种包括细菌和真菌。在细菌中主要用革兰氏阳性菌（金黄色葡萄球菌等）和革兰氏阴性菌（大肠杆菌等）；在真菌中主要用霉菌（黑曲霉、黄曲霉等）和癣菌（白色念珠菌、石膏样毛癣菌等）。为检测样品是否具有广谱抗菌性，较合理的选择是将有代表性的菌种按一定比例配成混合菌种用于抗菌试验，然而在非织造材料的抗菌性测试中，采用混合菌种较少，往往仅选择金黄色葡萄球菌、大肠杆菌和白色念珠菌分别作为革兰氏阳性菌、革兰氏阴性菌和真菌的代表。

9.4.2.1 定性测试法

可以了解非织造材料抗菌性能的优劣，费用低，速度快，但不能定量测定抗菌活性剂抗菌性能达到的程度。常用的测试方法是晕圈法，也叫琼脂平皿法，参照的标准是 AATCC 90。

9.4.2.2 定量测试法

目前纺织品抗菌性能定量测试方法及标准包括 AATCC 100、ASTM E2149、FZ/T 02021、振荡瓶法和奎因试验法等。定量测试方法包括纺织品的消毒、接种测试菌、菌培养、对残留的菌落计数等。该法的优点是定量，准确，客观；缺点是时间长，费用高。

9.5 管状样品的表征

除了平面样品，生物医用非织造制品还包括管状样品，如人工血管，管状样品的测试与表征方法与平面样品有较大不同。因此，本节将对管状样品的性能单独进行介绍。

9.5.1 人工血管强度

9.5.1.1 轴向拉伸强度

轴向拉伸强度指管状样品被匀速拉伸至断裂时的强度。因测试对象为圆柱形薄管，试验夹头的形态与夹头的夹持力必须保证样品在整个拉伸过程中不产生横向剪切力和滑移。因相关标准中尚未明确规定夹头的形态，测试中需特别引起注意。为便于说明，特举出文献中报道的一种测试方法：首先在材料试验机上夹紧管状样品的两端，设置预张力；随后，沿轴向拉伸管状样品，直到断裂，样品径向单位长度上的负荷表达轴向拉伸强度：

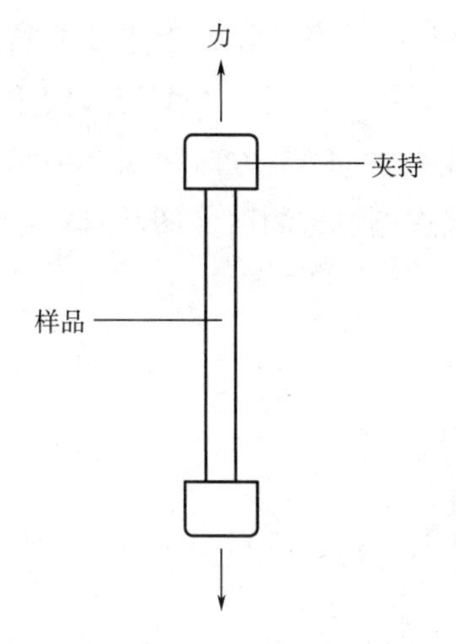

图9-1 管状样品轴向拉伸测试

$$轴向拉伸强度=\frac{最大拉伸负荷}{2\times测试样品横向宽度}$$

试验过程的示意图如图9-1所示。

9.5.1.2 径向拉伸强度

管状样品径向拉伸测试需使用特殊的夹具，如图9-2所示，是将两根金属棒伸到管状样品中，金属棒的直径与样品的内径相匹配，被测样品的长度应不小于其本身的直径。测试时，首先设定预加张力，然后分别向上、向下匀速拉伸这两根金属棒，直至管状样品断裂，样品轴向单位长度上的负荷表达径向拉伸强度：

$$径向拉伸强度=\frac{最大拉伸负荷}{2\times测试样品轴向长度}$$

式中，数值2表达了样品前后双侧承力。对于可以精确测量壁厚的样品，利用单位截面面积上所承受的负荷来表征管状样品的径向拉伸强度更为合理。

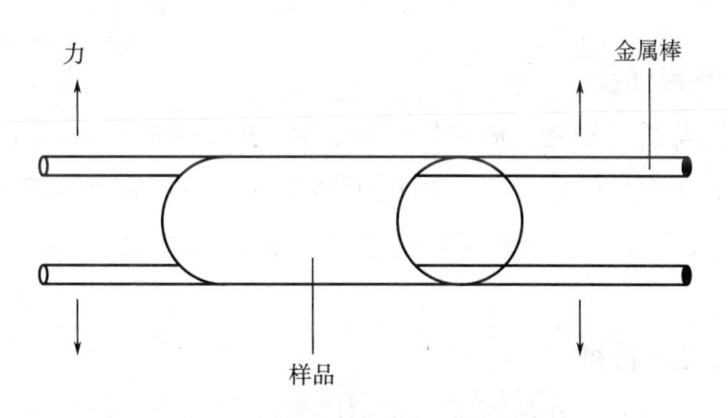

图9-2 管状样品径向拉伸测试

9.5.1.3 爆破强度

爆破强度是指人工血管样品在承受渐升压力至爆破时的压力。对具有孔隙的纺织或非织造人工血管，通常需要在其内部放置“气囊”，然后将液体或气体以一定速度注入气囊内，由置于气囊内壁的压力检测装置记录压力升高的速率和血管样品爆破时的压力，如图9-3所示。对于人工血管来讲，具有较高的爆破强度是很必要的，因为需要其能够抵抗人体循环过程中血流的压力变化，从而保证血管不会破裂。

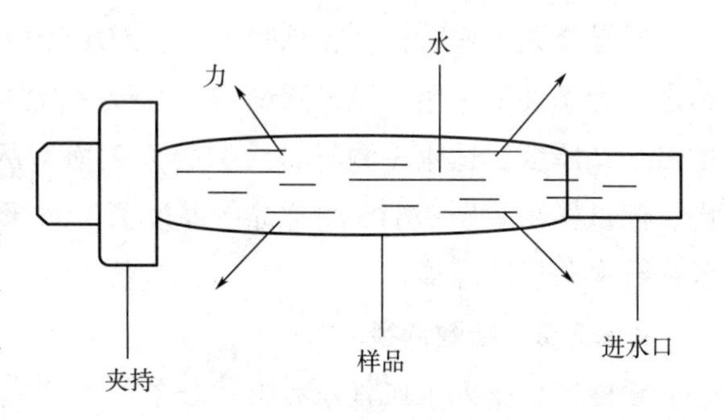

图9-3 管状样品爆破强度测试

9.5.1.4 缝合固位强力

缝合固位强力也称手术线固位强度，指确定手术线从人工血管壁中拉出（即管壁被破坏时）所需的力，主要用于表征管状样品是否能够承受手术缝合线的缝合作用。手术线应选用临床使用的规格，并且应足够强到能完整从人工血管中拉出而不断裂。因人工血管与宿主血管吻合时可采用直切口或斜切口方式，即样品被垂直于轴向或沿轴向 45°方向剪切，手术线被缝在伸直的血管样品距边缘 2mm 处，对均匀分布的 4 个缝点逐点进行测试（图 9-4）。

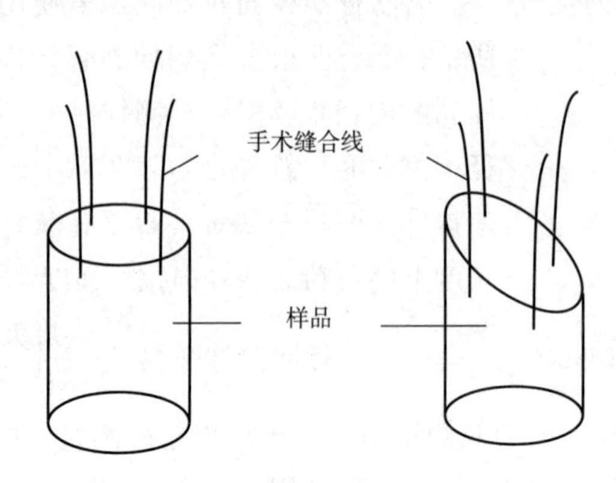

图 9-4　管状样品缝合固位强力测试

9.5.1.5　重复针刺后强度

在人工血管样品外表面三分之一周向区域内，用 16 号透析针重复针刺后的径向拉伸强度或承压顶破强度。重复针刺是模拟人工血管用于透析连接管时的针刺现象，每平方厘米针刺 8、16、24 次，对应于在临床上透析连接管经过 6、12 和 18 个月使用期中的针刺数。

9.5.2　人工血管几何特征

人工血管通常是圆柱形的，几何特征由管道的壁厚和松弛内径来描述。

9.5.2.1　壁厚

壁厚指人工血管样品在承受零压力或承受微小恒压力下的管壁厚度，可分别在无压力和恒定压力条件下采用显微镜测试和压力传感器测试方法来测量样品的厚度。显微镜测试样品的横切口厚度，适用于测量非纺织类人工血管的壁厚。压力传感器测试指在 0.5cm^2 测试区内，测试样品承压 981Pa 时样品的厚度值。对于具有波纹表面的管状样品，建议从应力—厚度曲线来分析厚度值。

9.5.2.2　松弛内径

松弛内径指人工血管在自由状态下管道的内径。采用圆锥形或圆柱形量具，由小直径量具插入管道内部开始，逐渐加大量具直径，以不引起管道变形为极限。

9.5.3　人工血管对管道内部应力的形变响应性

天然血管在舒张压下，管壁将膨胀，其膨胀性对稳定血流起着重要的作用。如果移植管缺乏膨胀性，这将限制血液动力学效果，同时会造成移植管道内腔狭小。因此，表征人工血管对管道内部应力的形变响应性非常重要。表征指标包括承压内径、径向顺应性等；此外，为使血液能顺畅流通，人工血管弯曲时应不易被压扁，该性能可用弯折直径/半径来表征。

9.5.3.1　承压内径

承压内径指人工血管在承受近似于使用条件压力下的内径。试验压力选用正常动脉舒张压，即 16kPa。对于渗透性高的人工血管，其内部需衬圆柱形“气囊”，然后将样品伸长至其可用长度，并对气囊加压，当其膨胀至 16kPa 时，等距测量 4 个位置处的外径。承压内径等于平均测量外径与 2 倍平均测量壁厚的差值。

9.5.3.2　径向顺应性

径向顺应性指样品管道在承受周期性模拟负荷下样品内径的变化情况。一般我们所说的顺应性就是指径向顺应性。所用测试仪器以（60±10）次/mm 产生动态负荷施于样品内壁，并使测试样品和测试溶液保持在（37±2）℃环境下。顺应性值 C（%）通常由下式计算得出：

$$C = \frac{D_2 - D_1}{D_1(P_2 - P_1)} \times 10^4$$

式中，D_2 和 D_1 分别表示压力为 P_2 和 P_1 时血管的管径。此式的物理意义在于当压力值变化 100mmHg 时，内径变化的百分比。

9.5.3.3　弯折直径/半径

弯折直径/半径用于表征当人工血管出现弯折时其内侧所成的弯曲半径。有以下两种测试方法。

（1）将样品成圈，以相反方向牵拉样品两端以减少圈形，直至弯折出现。采用一个已知直径的圆柱样板插入圈中以测量弯折直径。

（2）样品被放在不引起其弯折的半径样板上，逐渐替换更小的样板的半径，当样品轻微弯折产生时，此时的样板半径表示人工血管的弯折半径。

9.5.4　人工血管的水渗透性

人工血管的水渗透性是指在一定压强下（16kPa/120mmHg），单位时间内透过单位面积样品的水的体积，单位为 mL/(cm^2 · min)。对于人工血管来讲，水渗透性是一个非常重要的指标，直接关系到人工血管植入体内后的渗血情况。如果渗血量过大，需要在手术移植前用病人的血液对植入物进行预凝。一般认为，当水渗透性小于 300mL/(cm^2 · min）时，可以达到植入前不预凝的标准。

思考题

1. 非织造材料的力学性能包括哪些？分别代表什么物理意义？
2. 热分析有哪几种方式？各自的测试原理及可测试的指标有哪些？

3. 生物相容性包括哪些性能？分别如何理解？
4. 降解的原理有哪些？
5. 广义的抗菌是指什么？
6. 抗菌机理有哪些？
7. 管状生物医用非织造产品有哪些？它们分别应测试哪些性能？

参考文献

[1] ACUTO O, REINHERZ E L. The Human T-Cell Receptor. Structure and Function [J]. New England Journal of Medicine, 1985 (17): 1100-1111.

[2] ADALI T, KALKAN R, KARIMIZARANDI L. The Chondrocyte Cell Proliferation of a Chitosan/Silk Fibroin/Egg Shell Membrane Hydrogels [J]. International Journal of Biological Macromolecules, 2019, 124: 541-547.

[3] ADAMS J D. Pain and Inflammation [J]. Current Medicinal Chemistry, 2020, 27 (9): 1444-1445.

[4] ADZICK N S, LORENZ H P. Cells, Matrix, Growth Factors, and the Surgeon. The Biology of Scarless Fetal Wound Repair [J]. Annals of Surgery, 1994, 220 (1): 10-18.

[5] ALBRECHT W, FUCHS H, KITTELMANN W. Nonwoven Fabrics: Raw Materials, Manufacture, Applications, Characteristics, Testing Processes [M]. Weinheim in Germany: WILEY-VCH Verlag GmbH & Co. KGaA, 2003: 5.

[6] AL-JABARI M, GHYADAH R A, ALOKELY R, et al. Recovery of Hydrogel from Baby Diaper Wastes and Its Application for Enhancing Soil Irrigation Management [J]. Journal of Environmental Management, 2019, 239.

[7] ALSTER T S, WEST T B. Treatment of Scars: A Review [J]. Annals of Plastic Surgery, 1997, 39 (4): 418.

[8] ASTARITA C, ARORA C L, TROVATO L. Tissue Regeneration: An Overview From Stem Cells to Micrografts [J]. The Journal of International Medical Research, 2020, 48 (6).

[9] 北京师范大学. 人体组织解剖学 [M]. 北京: 人民体育出版社, 1981: 9-56.

[10] 常敬颖, 李素英, 张旭, 等. 可冲散非织造材料的制备及性能研究 [J]. 合成纤维工业, 2016, 39 (4): 14-18.

[11] 陈超, 单其艳, 杨铭, 等. 蚕蛹壳聚糖复合止血材料的制备及凝血性能初探 [J]. 丝绸, 2011 (6): 12-16.

[12] 陈尔英, 黄国雄. 全麻手术中眼睛保护措施的应用进展 [J]. 华夏医学. 2016 (5): 161-164.

[13] 陈国强, 赵锴. 生物工程与生物材料 [J]. 中国生物工程杂志, 2002 (5): 1-8.

[14] 陈金宝. 病理学 [M]. 上海: 上海科学技术出版社, 2016: 30-90.

[15] 陈龙敏. 甲壳质非织造医用敷料 [J]. 产业用纺织品, 2011, 7: 24-27.

[16] 陈松岩, 陈哲, 王硕凡. 骨修复生物材料临床研究进展 [J]. 浙江中西医结合杂志, 2018 (10): 892-895.

[17] 陈文彬, 张秀菊, 林志丹. 银负载细菌纤维素纳米复合材料的制备及抗菌性能研究 [J]. 材料导报, 2011 (14): 6-11.

[18] 陈西广. 甲壳素/壳聚糖结构形态与生物材料功效学研究 [J]. 中国海洋大学学报 (自然科学版), 2020, 50 (9): 126-140.

[19] 陈玉林, 黄康. 创面愈合的评价指标 [J]. 中国临床康复, 2002, 6 (8): 1080-1081.

[20] 陈卓玥, 王晋荣, 闻丽芬. 医用外科口罩颗粒过滤效率检测方法研究 [J]. 中国医疗器械信息, 2015,

21（10）：47-48+60.
［21］程浩南. 医用防护领域的纺织材料应用概述［J］. 化纤与纺织技术，2020，49（2）：16-20.
［22］程浩南. 纺织材料在医用纺织品设计中的应用和发展［J］. 产业用纺织品，2019（1）：1-11.
［23］程浩南，李芳. 纺织材料在医学领域的应用和发展［J］. 产业用纺织品，2017（35）：28-31.
［24］程敏，温明新. 医用外科口罩与一次性口罩防护能力比较研究［J］. 护理研究，2020，34（9）：1675-1676.
［25］CHUNG S，INGLE N P，MONTERO G A，et al. Bioresorbable Elastomeric Vascular Tissue Engineering Scaffolds via Melt Spinning and Electrospinning［J］. Acta Biomaterialia，2010，6（6）：1958-1967.
［26］CLARK R A F. Regulation of Fibroplasia in Cutaneous Wound Repair［J］. The American Journal of the Medical Sciences，1993，306（1）：42-48.
［27］COHEN B J. 曼姆勒人体健康与疾病［M］. 12 版. 陈肖鸣，译. 北京：金盾出版社，2014：9-124.
［28］丁韧，汤雪明. 细胞愈合的细胞生物学研究进展［J］. 创伤外科杂志，2000（1）：59-62.
［29］丁远蓉，肖长发，贾广霞，等. 共混改性丙烯酸-丙烯酰胺共聚纤维研究［J］. 纺织学报，2007（4）：12-15.
［30］丁远蓉，肖长发，贾广霞，等. 后交联型聚丙烯酸系吸水树脂的研究［J］. 天津工业大学学报，2004（1）：11-14.
［31］丁远蓉. 丙烯酸-丙烯酰胺共聚纤维及其吸水性能研究［D］. 天津工业大学，2006.
［32］狄艳妮，程勤，栗茜，等. 一次性医用吸汗型手术帽的设计与应用［J］. 局解手术学杂志，2016，25（12）：920-921.
［33］杜梅，赵磊，王前文，等. 薄荷黏胶纤维混纺纱的抗菌性能研究［J］. 上海纺织科技，2015，43（5）：26-28.
［34］ECHEVERRI K，ZAYAS R M. Regeneration：From Cells to Tissues to Organisms［J］. Developmental Biology，2018，433（2）：109-110.
［35］TANAKA E M. Regenetating Tissues［J］. Science，2018（6387）：374-375.
［36］FALANGA V. Occlusive Wound Dressings. Why，When，Which?［J］. Archives of Dermatology，1988，124（6）：872-877.
［37］樊光辉，曾东汉，张宜，等. 竹纤维在医疗领域的应用研究进展［J］. 华南国防医学杂志，2016（7）：476-478.
［38］樊明文. 口腔生物学［M］. 2 版. 北京：人民卫生出版社，2004.
［39］房乾，王荣武，吴海波. 海藻纤维针刺复合医用敷料吸湿透气性能的研究［J］，产业用纺织品，2015（2）：4-28.
［40］方幸，李世昌，徐帅. 肌肉组织在骨修复中的作用［J］. 中国骨质疏松杂志，2017（10）：1381-1385.
［41］FENG B，WANG S B，HU D J，et al. Bioresorbable Electrospun Gelatin/Polycaprolactone Nanofibrous Membrane as A Barrier to Prevent Cardiac Postoperative Adhesion［J］. Acta Biomaterialia，2019，83：211-220.
［42］冯强强. 新型舒适性医用口罩材料的研究与开发［D］. 西安工程大学，2012.
［43］冯友贤，李建明，郑佳瑾，等. 真丝人造血管的临床应用［J］. 上海第一医学院学报，1981（2）.
［44］FERST S，BUSSE M，MULLER M，et al. Revealing the Microscopic Structure of Human Renal Cell Carcinoma in Three Dimensions［J］. IEEE Transactions on Medical Imaging，2020（5）：1494-1500.

[45] FRANZ S, RAMMELT S, SCHARNWEBER D, et al. Immune Responses to Implants-A Review of the Implications for the Design of Immunomodulatory Biomaterials [J]. Biomaterials, 2011, 32 (28): 6692-6709.
[46] 付少举，张佩华. 高生物相容性医用纺织材料及其研究和应用进展 [J]. 纺织导报，2018 (5): 34-40.
[47] 付小兵，程飚. 伤口愈合的新概念 [J]. 中国实用外科杂志，2005，25 (1): 29-32.
[48] 付小兵，盛志勇. 新型辅料与创面修复 [J]. 中华创伤杂志，1998，14 (4): 247-249.
[49] 付小兵，吴志谷. 现代创伤敷料理论与实践 [M]. 北京：化学工业出版社，2007.
[50] 高凤兰. 病理学 [M]. 北京：人民军医出版社，2012: 5-58.
[51] 高秀琴，董秀花，曹韶艳，等. 两种不同材质手术服对细菌阻隔效果的研究 [J]. 中国消毒学杂志，2019，36 (7): 507-508+512.
[52] 高阳. 炎症与疾病 [J]. 保健与生活，2018 (1): 33.
[53] 高艳红，吴欣娟. 成人失禁患者一次性吸收型护理用品临床应用专家共识 [J]. 中华护理杂志，2019，54 (8): 1165-1169.
[54] GIUDICE D L, TRIMARCHI G, FAUCI V L, et al. Hospital Infection Control and Behaviour of Operating Room Staff [J]. Central European Journal of Public Health, 2019, 27 (4).
[55] 过敏：免疫系统失控 [J]. 宫内谕，韩晓岚，译. 科学世界，2018 (11): 38-51.
[56] 顾汉卿. 生物医学材料的现状及发展（一）[J]. 中国医疗器械信息，2001 (1): 45-48.
[57] 顾汉卿. 生物材料的现状及发展（二）[J]. 中国医疗器械信息，2001 (3): 42-45.
[58] 顾汉卿. 生物材料的现状及发展（三）[J]. 中国医疗器械信息，2001 (4): 45-48.
[59] 顾汉卿. 生物材料的现状及发展（四）[J]. 中国医疗器械信息，2001 (6): 39-44.
[60] 顾鹏斐，李素英，戴家木. 非织造材料基新型医用敷料的研究进展 [J]. 高分子通报，2018，12: 17-21.
[61] 顾其胜，侯春林，徐政. 实用生物医用材料学 [M]. 上海：上海科学技术出版社，2005.
[62] 顾其胜，王帅帅，王庆生，等. 海藻酸盐敷料应用现状与研究进展 [J]. 中国修复重建外科杂志，2014，28 (2): 255-258.
[63] 顾永峰. 皮肤创伤愈合过程的研究 [J]. 亚太传统医药，2010，6 (7): 165-166.
[64] 郭秉臣. 非织造材料与工程学 [M]. 北京：中国纺织出版社，2010: 1.
[65] 郭秉臣. 非织造技术产品开发 [M]. 北京：中国纺织出版社，2009，84.
[66] 果明艳. 手术贴膜对全麻头面部手术患者眼部保护的探讨 [J]. 兵团医学，2015，45 (3): 65-66.
[67] 郭万里，杨英文，杨东风，等. 新型交叉学科纺织生物材料学研究 [J]. 安徽农业科学，2015 (11): 382-384.
[68] 郭伟华，柳文，陈鲁悦，等. 中药美白成分在面膜中的应用研究进展 [J]. 科学技术创新，2020 (10): 14-15.
[69] HAN X, ZHOU Z, FEI L, et al. Construction of a Human Cell Landscape at Single-Cell Level [J]. Nature, 2020 (581): 303-309.
[70] 韩玲，马英博，胡梦缘，等. 国内外医用口罩防护指标及标准对比 [J]. 西安工程大学学报，2020，34 (2): 13-19.
[71] 郝艳兵，张琦，张荣平. 创伤修复的研究进展 [J]. 中国民族民间医药，2013，59 (2): 59-60.
[72] 贺雅卿. 湿巾发展概况和个人护理用湿巾新趋势 [J]. 造纸信息，2020 (5): 47-51.

[73] 何岩青. 关于炎症的新见解 [J]. 心血管病防治知识, 2019 (8): 35-37.
[74] 胡定熙, 周天泽. 皮肤的化学和皮肤的保护 [J]. 化学教育, 1993 (4): 3-7.
[75] 胡杰, 徐熊耀, 吴海波. 成人失禁裤/垫芯的制备与性能研究 [J]. 产业用纺织品, 2019, 37 (3): 17-23.
[76] 胡盛寿. 医用材料概论 [M]. 北京: 人民卫生出版社, 2017.
[77] 胡婷婷, 贾庆明, 陕绍云. 纤维素基面膜材料的应用进展 [J]. 纤维素科学与技术, 2018, 26 (4): 60-67.
[78] 胡勇, 周建平. 创面分期及影响愈合的因素 [J]. 中国实用乡村医生杂志, 2008, 15 (5): 8-9.
[79] HUNT T K, PAI M P. The Effect of Varying Ambient Oxygen Tensions on Wound Metabolism and Collagen Synthesis [J]. Surgery Gynecology & Obstetrics, 1972, 135 (4): 561-567.
[80] ISHIHARA M, NAKANISHI K, ONO K, et al. Photo Crosslinkable Chitosan as Adressing for Wound Occlusion and Accelerator in Healing Process [J]. Biomaterials, 2002 (23): 833-840.
[81] ISRAEL M. Human Cell Structure [J]. BMJ: British Medical Journal, 1970 (1): 555.
[82] JHAVERI R. The Skin-Immune System Interface [J]. Clinical Therapeutics, 2020, 42 (5): 729-730.
[83] 季红星. 皮肤创伤愈合最新进展研究 [J]. 中国美容医学, 2001, 10 (5): 440-442.
[84] 贾立霞, 王璐, 刘君妹. 纺织基人造血管几何特征表征的实验研究 [J]. 生物医学工程学进展, 2007, 28 (4): 233-236.
[85] 姜慧霞. 医用防护服材料的性能评价研究 [D]. 天津工业大学, 2008.
[86] 靳向煜, 赵奕, 吴海波, 等. 战疫之盾 带您走进个人防护非织造材料 [M]. 上海: 东华大学出版社, 2020.
[87] 靳仕信. 十二、神经组织的衰老 [J]. 遵义医学院学报, 1978 (2): 76-78.
[88] JOSHI A A, PADHYE A M, GUPTA H S. Platelet Derived Growth Factor-BB Levels in Gingival Crevicular Fluid of Localized Intrabony Defect Sites Treated with Platelet Rich Fibrin Membrane or Collagen Membrane Containing Recombinant Human Platelet Derived Growth Factor-BB: A Randomized Clinical and Biochemical Study [J]. Journal of Periodontology, 2019, 90 (7): 73-89.
[89] KANIKIREDDY V, VARAPRASAD K, JAYARAMUDU T, et al. Carboxymethyl Cellulose-Based Materials for Infection Control and Wound Healing: A Review [J]. International Journal of Biological Macromolecules, 2020 (164): 963-975.
[90] 柯勤飞, 靳向煜. 非织造学 [M]. 3 版. 上海: 东华大学出版社, 2018: 7.
[91] KIM C J. Neural Repair and Tissue Regeneration [J]. International Neurourology Journal, 2020, 24 (1): 1-2.
[92] KIM K H, JEONG L, PARK H N, et al. Biological Efficacy of Silk Fibroin Nanofiber Membranes for Guided Bone Regeneration [J]. Journal of Biotechnology, 2005, 120 (3): 327-339.
[93] KING M W, BHUPENDER S G, ROBERT G. Biotextiles as Medical Implants [M]. Elsevier, 2013.
[94] 雷良蓉, 向宇. 正常人体结构 [M]. 上海: 复旦大学出版社, 2011.
[95] 雷明月, 颜超, 崔莉, 等. 海藻酸钙纤维非织造布的水凝胶化改性及机理 [J]. 化工学报, 2018, 69 (4): 1765-1773.
[96] 李爱民, 孙康宁, 尹衍升, 等. 生物材料的发展、应用、评价与展望 [J]. 山东大学学报, 2002

(3)：287-293.

[97] 李宝玉. 生物医学材料 [M]. 北京：化学工业出版社，2003.

[98] 李东，张杰，牛星焘，等. 密闭湿润环境与创面愈合 [J]. 实用美容整形外科杂志，2000，11 (3)：142-145.

[99] 李芳霞，孙志丹，李涛，等. 生物医用天然高分子材料研究进展 [J]. 化工新型材料，2013 (5)：5-18.

[100] LI G，LIU J，ZHENG Z Z，et al. Structure Mimetic Silk Fiber-Reinforced Composite Scaffolds Using Multi-angle Fibers [J]. Macromolecular Bioscience，2015 (8)：1125-1133.

[101] LI G，LIU J，ZHENG Z Z，et al. Silk Microfiber-Reinforced Silk Composite Scaffold：Fabrication，Mechanical Properties，and Cytocompatibility [J]. Journal of Materials Science，2016 (6)：3025-3035.

[102] 李荷雷. 丝素小口径血管支架植入动物体内的组织再生的研究 [D]. 苏州：苏州大学，2019.

[103] 李静静，朱海霖，雷彩红，等. 介孔生物玻璃/丝素蛋白复合多孔海绵的结构及止血性能研究 [J]. 功能材料，2017 (2)：2096-2101.

[104] 李素桢. 浅谈人体免疫系统 [J]. 中外企业家，2018 (23)：135.

[105] 李向顺. 小口径人工血管的制备及其在体外仿真环境下的性能研究 [D]. 苏州：苏州大学，2018.

[106] LI X S，ZHAO H J. Mechanical and Degradation Properties of Small-Diameter Vascular Grafts in An in Vitro Biomimetic Environment [J]. Journal of Biomaterials Applications，2019，33 (8)：1017-1034.

[107] 李学军，孙园园. 不同生物止血材料研究进展及复合型止血材料的临床应用 [J]. 中国组织工程研究与临床康复，2011，15 (51)：9672-9674.

[108] LI X F，YOU R C，LUO Z W，et al. Silk Fibroin Scaffolds with Micro/Nano Fibrous Architecture for Dermal Regeneration [J]. Journal of Materials Chemistry B，2016，4：2903-2912.

[109] 李岩，沙赟颖，孙婷婷，等. 化学合成高分子生物材料研究进展 [J]. 云南化工，2019 (2)：73-77.

[110] 李彦，王富军，关国平，等. 生物医用纺织品的发展现状及前沿趋势 [J]. 纺织导报，2020 (9)：28-37.

[111] 李晔，蔡冉，陆烨. 应对新型冠状病毒肺炎防护服的选择和使用 [J]. 中国感染控制杂志，2020，19 (2)：117-122.

[112] 李毓陵. 生物医用纺织材料的研究和发展前景 [J]. 棉纺织技术，2010 (2)：65-68.

[113] 李玉霞. 3M 眼贴膜在眼局部雾化治疗中的应用 [J]. 护理学杂志，2010，25 (4)：23.

[114] 李子兰. 婴儿纸尿裤舒适性与功能性研究 [D]. 苏州：苏州大学，2018.

[115] 李正海. 医用一次性防护服标准对比及评价方法的研究 [D]. 上海：东华大学，2018.

[116] LIM Y P，MOHAMMAD A W. Physicochemical Properties of Mammalian Gelatin in Relation to Membrane Process Requirement [J]. Food & Bioprocess Technology，2011，4 (2)：304-311.

[117] LINDSAY B. The Immune System [J]. Essays in Biochemistry，2016 (60)：275-301.

[118] LISSAUER S. The Immune System [J]. Brain Injury，2017，31 (13)：1969-1970.

[119] 刘德伍. 现代敷料研究现状 [J]. 中国临床康复，2002，6 (22)：3436-3437.

[120] 刘超，王欢，何斌，等. 女性卫生巾结构及吸收性能研究 [J]. 纺织科学与工程学报，2018，35 (2)：109-112.

[121] LITVIŇUKOVÁ M，TALAVERA-LÓPEZ C，MAATZ H，et al. Cells of the Adult Human Heart [J]. Na-

ture, 2020.
[122] LIU X C, YOU L J, TARAFDER S, et al. Curcumin-Releasing Chitosan/Aloe Membrane for Skin Regeneration [J]. Chemical Engineering Journal, 2019, 359: 1111-1119.
[123] 刘兴兰，陈蕊．医用外科口罩细菌过滤效率与非油性颗粒过滤效率的关系［J］．中国医疗器械杂志，2020，44（3）：267-269+282.
[124] 柳雅玲，王金胜，张国民，等．病理学［M］．北京：中国医药科技出版社，2016：18-87.
[125] 刘艳平．细胞生物学［M］．长沙：湖南科学技术出版社，2008.
[126] 娄辉清，曹先仲，刘东海，等．湿法成网—化学黏合可冲散非织造材料的制备及性能［J］．丝绸，2019，56（11）：6-13.
[127] 芦长椿．高端创伤敷料技术与市场的最新进展［J］．产业用纺织品，2014（1）：83-86.
[128] 卢芳，冯毕龙．伤口的分类及处理原则［J］．中国临床护理，2010，2（4）：365-367.
[129] 罗成成，王晖，陈勇．纤维素的改性及应用研究进展［J］．化工进展，2015，34（3）：767-773.
[130] 罗晓风，王仙园．皮肤的生理功能及伤口的处理［J］．国外医学护理学分册，2002，21（12）：549-552.
[131] 罗雅馨，毕浩然，陈晓旭，等．细胞外基质与组织的再生与修复［J］．中国组织工程研究，2021（11）：2095-4344.
[132] 吕秋兰，王晓东．医用敷料中对于纤维素纤维及其衍生物应用的探讨［J］．家庭医药就医选药，2016（9）：62-63.
[133] 马建伟．非织造布技术概论［M］．2版．北京：中国纺织出版社，2008：5.
[134] MA Y, BAI D C, HU X J, et al. Robust and Antibacterial Polymer/Mechanically Exfoliated Grapheme Nanocomposite Fibers for Biomedical Applications [J]. Acs Applied Materials& Interfaces, 2018 (3): 3002-3010.
[135] 马云飞．神秘的人体［M］．武汉：湖北科学技术出版社，2013：2-3.
[136] MARTIN P. Wound Healing—Aiming for Perfect Skin Regeneration [J]. Science, 1997, 276 (5309): 75-81.
[137] 孟曦男，许静秀，徐素宏．组织器官损伤修复和再生研究进展［J］．中国细胞生物学学报，2019（9）：1674-1689.
[138] SONICK M, HWANG D. 口腔种植位点处理全集［M］．黄懂，译．沈阳：辽宁科学技术出版社，2017.
[139] MIRAFTAB M, MASOOD R, EDWARD-JONES V. A New Carbohydrate-Based Wound Dressing Fiber with Superior Absorption and Antimicrobial Potency [J]. Carbohydrate Polymers, 2013, 101 (2014): 1184-1190.
[140] 莫春丽．傅里叶变换红外光谱对再生丝蛋白二级结构的表征［D］．上海：复旦大学，2009.
[141] MOEINI A, PEDRAM P, MAKVANDI P, et al. Wound Healing and Antimicrobial Effect of Active Secondary Metabolites in Chitosan-Based Wound Dressings: A Review [J]. Carbohydrate Polymers, 2020: 115839.
[142] 牟富鹏，田洪池，段红云，等．功能型热塑性聚氨酯弹性体的发展趋势探究［J］．弹性体，2020，30（3）：78-82.
[143] MOURA L I, DIAS A M, CARVALHO E, et al. Recent Advances on the Development of Wound Dressings for Diabetic Foot Ulcer Treatment: A Review [J]. Acta Biomaterialia, 2013 (9): 7093-7114.

[144] 毋蕾，巫嘉陵．衰弱与炎症［J］．中国现代神经疾病杂志，2020（1）：61-64.
[145] NAGATA M，NAKAGOME K，SOMA T. Mechanisms of Eosinophilic Inflammation［J］. Asia Pacific Allergy，2020，10（2）：14.
[146] NISHIDA T，SATO K，MURAKAMI M，et al. The Fine Structure of the Human Ovarian Hilus Cells［J］. The Kurume Medical Journal，1984（3）：171-184.
[147] ONG S Y，WU J，MOOCHHALA S M，et al. Development of a Chitosan-Based Wound Dressing with Improved Hemostatic and Antimicrobial Properties［J］. Biomaterials，2008，29（32）：4323-4332.
[148] 潘洪．聚丙稀SMS非织造布手术衣材料的三抗整理工艺研究［D］．上海：东华大学，2012.
[149] PARK G B. Burn Wound Coverings—A Review［J］. Biomaterials Medical Devices & Artificial Organs，1978，6（1）：1.
[150] 彭富兵，焦晓宁，莎仁．新型水刺美容面膜基布［J］．纺织学报，2007（12）：51-53.
[151] 国家人文历史．CSR中国文化奖 她用丝绸织出人造血管，她是中国“三大名锦”苏州宋锦的拯救者［DB/OL］. https：//biyelunwen. yjbys. com/cankaowenxian/656104. html.
[152] QIN Y. The Characterization of Alginate Wound Dressings with Different Fiber and Textile Structures［J］. 2006，100（3）：2516-2520.
[153] 秦益民．新型医用敷料：伤口种类及其对敷料的要求（1）［J］．纺织学报，2004，24（5）：501-503.
[154] 秦益民．新型医用敷料：伤口种类及其对敷料的要求（2）［J］．纺织学报，2004，24（6）：593-594.
[155] 秦益民．海藻酸医用敷料吸湿机理分析［J］．纺织学报，2005，26（1）：113-115.
[156] 秦益民．功能性医用敷料［M］．北京：中国纺织出版社，2007：56-139+217-220.
[157] 秦益民．医用纺织材料的研发策略［J］．纺织学报，2014（2）：89-93.
[158] 秦益民．壳聚糖纤维的理化性能和生物活性研究进展［J］．纺织学报，2019，40（5）：170-176.
[159] 秦贞俊．纺织材料在医学及保健领域的应用［J］．上海纺织科技，2005（7）：23-25.
[160] RAMKUMAR N，SUN F，POSS K D. Tissue Repair：A Tendon-See to Regenerate［J］. Current Biology：CB，2020，30（17）：1001-1003.
[161] Rattier，Buddy D，Hoffman，et al. Biomaterials Science：An Introduction to Materials in Medicine［M］. Elsevier Academic Press，1985.
[162] REGEV A，TEICHMANN S A，LANDER E S，et al. Science Forum：The human cell atlas［J］. ELife，2017（6）.
[163] 任翔翔．丝素/壳聚糖/埃洛石纳米管复合医用敷料的制备及性能研究［D］．苏州：苏州大学，2019.
[164] REN X X，XU Z P，WANG L B，et al. Silk Fibroin/Chitosan/Halloysite Composite Medical Dressing with Antibacterial and Rapid Haemostatic Properties［J］. Materials Research Express，2019，6（12）：15.
[165] RESHMA G，RESHMI C R，NAIR S V，et al. Superabsorbent Sodium Carboxymethyl Cellulose Membranes Based on A New Cross-Linker Combination for Female Sanitary Napkin Applications［J］. Carbohydrate Polymers，2020，248：116763.
[166] RIGBY A J，HORROCKER A R. Textile Materials for Medical and Healthcare Application［J］. Textile Institute，1997（3）：83-93.
[167] RUDKIN G H，MILLER T A. Growth Factors in Surgery［J］. Plastic & Reconstructive Surgery，1996，97（2）：469-476.

[168] SAINI M, SINGH Y, ARORA P, et al. Implant Biomaterials: A Comprehensive Review [J]. Journal of Clinical Cases, 2015, 3 (1): 52-57.

[169] SARGENT J L, CHEN X, BREZINA M C, et al. Behavior of Polyelectrolyte Gels in Concentrated Solutions of Highly Soluble Salts [J]. MRS Advances, 2020, 5 (17): 907-915.

[170] SAVAGE N. Arming the Immune System [J]. Nature, 2019, 575 (7784): 44-45.

[171] SI Y, ZHANG Z, WU W R, et al. Daylight-Driven Rechargeable Antibacterial and Antiviral Nanofibrous Membrances for Bioprotective Applications [J]. Science Advances, 2018 (3): 5919-5931.

[172] SIMES D, SÓNIA P, MIGUEL S P, et al. Recent Advances on Antimicrobial Wound Dressing: A Review [J]. European Journal of Pharmaceutics & Biopharmaceutics, 2018, 127: 130-141.

[173] SINGH B, SHARMA S, DHIMAN A. Design of Antibiotic Containing Hydrogel Wound Dressings—Biomedical Properties and Histological Study of Wound Healing [J]. International Journal of Paramaceutics, 2013 (457): 82-91.

[174] 施纯秒. 热风非织造布对纸尿裤吸液性能的影响 [J]. 国际纺织导报, 2019, 47 (9): 12-14+16-18.

[175] 石松松, 张磊, 张兵, 等. 藻酸衍生物在生物医药领域的研究进展 [J]. 中国海洋药物, 2019, 38 (1): 67-73.

[176] 时宇. 皮肤的结构与保健 [J]. 生物学通报, 1995, 30 (9): 22-25.

[177] 沈嘉俊, 许晓芸, 刘颖, 等. 医用防护服的研究进展 [J]. 棉纺织技术, 2020, 48 (7): 79-84.

[178] 师昌绪. 材料大词典 [M]. 北京: 化学工业出版社, 1994.

[179] 石原昭彦, 崔东振, 尹吟青. 训练和神经、肌肉组织 [J]. 山东体育科技, 1984 (3): 57-63.

[180] 舒立涛, 徐宝顺, 王蔚然. 伤口湿性愈合的新理念 [J]. Chinese Journal of Practical Aesthetic and Plastic Surgery, 2004, 15 (6): 336.

[181] SPORN M B, ROBERTS A B. A Major Advance in the Use of Growth Factors to Enhance Wound Healing [J]. The Journal of Clinical Investigation, 1993, 92 (6): 2565-2566.

[182] SPRUCE L. Surgical Head Coverings: A Literature Review [J]. AORN Journal, 2017, 106 (4): 306-316.

[183] 孙静, 邢婉娜, 王娟, 等. 2019 年一次性卫生用品行业概况和展望 [J]. 造纸信息, 2020 (8): 34-47.

[184] SUN S, ZHANG F, ZHANG S, et al. Antimicrobial Silk Fibroin Hydrogel Instantaneously Induced by Cationic Surfactant [J]. Biotechnology, 2013, 12 (2): 128-134.

[185] 孙熊, 姜怀. 高端智能纺织材料的应用研究 [J]. 上海化工, 2012 (11): 1-4.

[186] 谭信. 生命科学 [M]. 北京: 北京理工大学出版社, 2017: 63-80.

[187] 谭秋霞, 吕青. 脂肪组织工程: 软组织再生的新策略 [J]. 中华乳腺病杂志, 2019, 13 (4): 242-244.

[188] 唐炳华. 分子生物学 [M]. 北京: 中国中医药出版社, 2011: 220-251.

[189] 唐二妮. 丝素/壳聚糖复合智能水凝胶的制备及其应用 [D]. 苏州: 苏州大学, 2018.

[190] 唐楠, 丁军, 石巍. 国内外医用防护服标准体系比对研究 [J]. 中国医疗器械信息, 2020, 26 (5): 14-15+20.

[191] 汤顺清, 周长忍, 邹翰. 生物材料的发展现状与展望 [J]. 暨南大学学报, 2000 (5): 122-125

[192] 田建广. 创面敷料的研究进展 [J]. 解放军医学杂志, 2003, 28 (5): 470-471.

[193] 田园媛. 世界医疗纺织业最新发展一瞥 [J]. 中国纤检, 2017 (4): 130-131.

[194] TROTT D W, FADEL P J. Inflammation as A Mediator of Arterial Ageing [J]. Experimental Physiology, 2019, 104 (10): 1455-1471.

[195] VEZZANI A, FRENCH J, BARTFAI T, et al. The Role of Inflammation in Epilepsy [J]. Nature Reviews Neurology, 2011, 7 (1): 31-40.

[196] VARAPRASAD K, JAYARAMUDU T, KANIKIREDDY V, et al. Alginate-Based Composite Materials for Wound Dressing Application: A Mini Review [J]. Carbohydrate Polymers, 2020, 236.

[197] VIJAYSEGARAN P, KNIBBS L D, MORAWSKA L, et al. Surgical Space Suits Increase Particle and Microbiological Emission Rates in a Simulated Surgical Environment [J]. The Journal of Arthroplasty, 2018, 33 (5): 1524-1529.

[198] VINCENT A, LATTUCA B, MERLET N, et al. New Insights in Research About Acute Ischemic Myocardial Injury and Inflammation [J]. Anti-Inflammatory & Anti-Allergy Agents in Medicinal Chemistry, 2013, 12 (1): 47-54.

[199] VISAN I. Triggers of Inflammation [J]. Nature Immunology, 2019 (6): 665.

[200] LASCHKZ M W, VOLLMAR B. Vascularization, Regeneration and Tissue Engineering [J]. European Surgical Research, 2018 (3/4): 230-231.

[201] WANG L B, REN X X, JIANG Z Y, et al. Silk Fibroin/Poly-L-lactide Lactone Bi-layered Membranes for Guided Bone Regeneration [J]. Journal of Donghua Univeriesty (Eng. Ed.) 2019, 36 (6): 564-571.

[202] 王从容. 红、肿、痛、热——炎症的典型表现 [J]. 家庭健康, 2019 (7): 9.

[203] 王丹, 王玉晓, 靳向煜. 生物基纤维在非织造材料中的开发与应用 [J]. 产业用纺织品, 2016, 8: 71-74.

[204] 王德海. 医用纺织品的分类与防护功能 [J]. 针织工业, 2017 (1): 9-12.

[205] 王凤兰. 浅谈影响伤口愈合的因素 [J]. 医学信息, 2013, 26 (3): 592.

[206] WANG G, REN T B, CAO C H, et al. Electrospun Poly (L-Lactide -co-ε-Caprolactone) /Polyethylene Oxide/Hydroxyapaite Nanofibrous Membrane for Guided Bone Regeneration [J]. Journal of nanomaterials, 2010, 10: 1155-1176.

[207] 王华栋, 冯晓明, 汤晓阳. 铜氨溶液溶解法快速分离测定生物医学工程材料医用纱布中纤维素与化学合成高分子纤维 [J]. 药物分析杂志, 2015, 35 (3): 467-472.

[208] 王佳琪, 王国栋, 颜红柱, 等. 生长因子在创伤愈合中作用的研究 [J]. 创伤外科杂志, 2013, 15 (3): 281-283.

[209] 王佳莹, 胡玲燕. 医用纺织品的应用及发展趋势研究 [J]. 天津纺织科技, 2019 (2): 62-64.

[210] 王临博. 引导骨再生的丝素/PLCL膜的制备及其性能研究 [D]. 苏州: 苏州大学, 2019.

[211] 王璐, 丁辛, BERNARD D. 人造血管的生物力学性能表征 [J]. 纺织学报, 2003 (1): 7-9.

[212] 王璐, 关国平, 王富军, 等. 生物医用纺织材料及其器件研究进展 [J]. 纺织学报, 2016 (2): 133-140.

[213] 王璐, 金马汀, 等. 生物医用纺织品 [M]. 北京: 中国纺织出版社, 2011, 69-78.

[214] 王秋桂, 胡劲松. 脑神经组织的发育与再生 [J]. 解剖科学进展, 1996 (3): 217-221.

［215］王仁山，王晔华．炎症与代谢综合征［J］．实用糖尿病杂志，2018（2）：67-69.
［216］王树源，柯勤飞．汉麻/黏胶水刺医用敷料抗菌性及生物相容性［J］．上海纺织科技，2014，42（9）：62-64.
［217］王晓芹．创面敷料及其对愈合的影响研究进展［J］．中国临床康复，2002，6（4）：574-575.
［218］王一帆，钱晓明．功能性成人失禁裤的研究进展［J］．纺织科技进展，2017（1）：56-58.
［219］王雨．热风用纸尿裤导流层的性能研究［D］．天津：天津工业大学，2017.
［220］王哲，王科．医用防护性口罩材料专利发展状况分析［J］．新材料产业，2020（2）：8-12.
［221］王震云．医用伤口敷料的研制与临床应用［J］．中华护理杂志，2006，41（1）：87-88.
［222］王正辉，萧翼之．高分子生物材料的研究进展［J］．高分子材料科学与工程，2005（5）：19-22.
［223］WILLIAMS D F．The Williams Dictionary of Biomaterials［M］．Liverpool：Liverpool University press：1999.
［224］WINTER G D．Formation of Scab and the Rate of Epithelialization of Superficial Wounds in the Yong Domestic Pig［J］．Nature，1962（193）：293-294.
［225］文彬．国产医疗用纺织品，方兴未艾［J］．中国医疗器械信息，2014（10）：74-75.
［226］WENDLANDT R，THOMAS M，KIENAST B，et al．In-vitro Evaluation of Surgical Helmet Systems for Protecting Surgeons from Droplets Generated during Orthopaedic Procedures［J］．Journal of Hospital Infection，2016，94（1）：75-79.
［227］WESTNEY O L．Inflammation and Infection［J］．AUANews，2018（7）：8-9.
［228］WITTAYAAREEKUL S，PRAHSARN C．Development and In-vitro Evaluation of Chitosan-Polysaccharides Composite Wound Dressings［J］．International Journal of Pharmaceutics，2006（313）：123-128.
［229］吴曙霞，崔玉芳．肌肉组织工程研究［J］．国外医学，2000（5）：262-312.
［230］吴爽，谢明宏，安娜．细胞周期调控的研究［J］．科学技术创新，2018（1）：63-64.
［231］吴雨芬，汪郁明．生物医用纺织材料在康复医学中的应用［J］．生物医学工程学进展，2017（4）：208-214.
［232］吴祖煌，刘敏，王煜，等．湿性敷料促进供皮区创面愈合的临床研究［J］．中国实用美容整形外科杂志，2004，15（5）：251-252.
［233］郗焕杰．丝素电纺串珠材料的可控制备及其药物释放研究［D］．苏州：苏州大学，2018.
［234］郗焕杰，赵荟菁．丝素蛋白/聚环氧乙烷电纺串珠纤维材料的可控制备［J］．东华大学学报（自然科学版），2019，45（6）：811-819+831.
［235］XI H J，ZHAO H J．Silk Fibroin Coaxial Bead-on-string Fiber Materials and Their Drug Release Behaviors in Different pH［J］．Journal of Materials Science 2019，54：4246-4258.
［236］席宁．医用纺织品：差距仅仅是技术？［J］．纺织科学研究，2015（6）：66-68.
［237］奚廷斐．生物材料进展（一）［J］．生物医学工程与临床，2004（3）：184-189.
［238］奚廷斐．生物材料进展（二）［J］．生物医学工程与临床，2004（4）：244-248.
［239］夏文，李政，华嘉川，等．细菌纤维素复合材料的应用进展［J］．化工新型材料，2016（11）：20-22.
［240］XIAO H，ZHANG Y，KONG D S，et al．Social Capital and Sleep Quality in Individuals Who Self-Isolated for 14 Days During the Coronavirus Disease 2019（COVID-19）Outbreak in January 2020 in China［J］．Medical Science Monitor，2020，26.
［241］谢旭升，李刚，李翼，等．生物医用纺织肠道支架研究进展［J］．产业用纺织品，2016（10）：1-10.

[242] 熊党生. 生物材料与组织工程 [M]. 2 版. 北京：科学出版社，2018.
[243] 徐良恒，何黎. 生物敷料的原理、种类及应用 [J]. 皮肤病与性病，2013，35 (3)：148-150.
[244] 徐小萍，张寅江，靳向煜，等. 壳聚糖/黏胶水刺非织造布的制备及相关性能 [J]. 纺织学报，2013，34 (6)：51-57.
[245] 徐小群，曹茜，包纯纯，等. 金霉素眼膏联合 3M 眼贴膜在头面部全麻手术患者中的应用 [J]. 现代中西医结合杂志，2008，17 (14)：2217-2218.
[246] 徐晓宙，高琨. 生物材料学 [M]. 2 版. 北京：科学出版社，2016.
[247] 徐余波. 两种不同修复膜材料在牙种植中引导骨再生的临床研究 [D]. 南昌大学附属口腔医院，2017.
[248] XU Z P，TANG E N，ZHAO H J. An Environmentally Sensitive Silk Fibroin/Chitosan Hydrogel and Its Drug Release Behaviors [J]. Polymers，2019，11 (12)：1-14.
[249] 徐智泉. 纺织材料在医学研究中的应用 [J]. 信息记录材料，2018 (7)：41-42.
[250] 薛斌英，李彬. 人体细胞是如何死亡的 [J]. 学苑教育，2020 (11)：76.
[251] 言宏元. 非织造工艺学 [M]. 3 版. 北京：中国纺织出版社，2015：12.
[252] 严拓，刘雅文，吴灿，等. 人工血管研究现状与应用优势 [J]. 中国组织工程研究，2018 (30)：4849-4854.
[253] 杨彩红，马凤仓，高晨光，等. 聚乳酸及其共聚物单丝的体外降解性能 [J]. 高分子材料科学与工程，2019，35 (11)：101-108.
[254] 杨飞，王身国. 中国生物医用材料的科研与产业化现状 [J]. 新材料，2010 (7)：42-45.
[255] 杨丽丽，汤苏阳，田建广，等. 新型创面敷料的研究现状与进展 [J]. 社区医学杂志，2008，6 (14)：8-10.
[256] 杨佩. 非织造蚕丝面膜基布的工艺研究 [D]. 重庆西南大学，2017.
[257] 杨智昉，王红卫. 基础医学概论 [M]. 上海：上海科学技术出版社，2018：9-86.
[258] 杨志勇，樊庆福，顾德秀. 生物材料与人工器官（一）[J]. 上海生物医学工程，2005 (4)：236-240.
[259] 杨志勇，樊庆福，顾德秀. 生物材料与人工器官（二）[J]. 上海生物医学工程，2006 (1)：35-39.
[260] 姚东. 成人失禁用品：市场认知度有待提高 [J]. 纺织服装周刊，2013 (22)：28-29.
[261] 姚泰. 生理学 [M]. 北京：人民卫生出版社，2005：13-65.
[262] 叶小波，唐林，陈春亮，等. 医用口罩非织造材料研究进展 [J]. 纺织科技进展，2020 (10)：11-14+18.
[263] 叶心彤，方瑞峰，武晓莺，等. 不同亲水型热风非织造材料对纸尿裤面层性能影响初探 [J]. 产业用纺织品，2020，38 (3)：41-45.
[264] 伊丽娜，李淑艳. 细胞凋亡对炎症的影响 [J]. 中国保健营养，2016 (32)：182-183.
[265] Y L H，W K J，L X Q，et al. The Fabrication of An ICA-SF/PLCL Nanofibrous Membrane by Coaxial Electrospinning and Its Effect on Bone Regeneration In-vitro and in-vivo [J]. Scientific reports，2017，7：1-12.
[266] YOUNIS M K B，HAYAJNEH F A，ALDURAIDI H. Effectiveness of Using Eye Mask and Earplugs on Sleep Length and Quality among Intensive Care Patients：A Quasi-Experimental Study [J]. International Journal of Nursing Practice，2019，25 (1)：12740.
[267] 袁荣，商庆新. 细胞凋亡与创伤愈合 [J]. 使用美容整形外科杂志，2000 (2)：103.

[268] 贠秋霞. 医用纺织品的发展及应用 [J]. 合成材料老化与应用, 2015 (4): 142-147.
[269] 翟艳. 壳聚糖/黏胶纤维共混水刺面膜基布的开发及其性能研究 [D]. 天津: 天津工业大学, 2016.
[270] 翟中和, 王喜忠, 丁明孝. 细胞生物学 [M]. 北京: 高等教育出版社, 2011: 227.
[271] 张根葆, 卢林明, 李怀斌, 等. 基础医学概论 [M]. 合肥: 中国科学技术大学出版社, 2018: 395-522.
[272] 张洁, 钱晓明. 壳聚糖非织造布的制备及壳聚糖非织造医用敷料的研究进展 [J]. 产业用纺织品, 2011, 29 (7): 24-27, 36.
[273] 张莉, 王宇石, 刘彧, 等. 炎症与血管老化 [J]. 中华老年医学杂志, 2016 (10): 1038-1041.
[274] 张美荣. 新型敷料在伤口护理实践中的应用 [J]. 内蒙古医学杂志, 2010, 42 (4): 151-153.
[275] 张晴文. 纳米纤维素制备及其改性面膜基布研究 [D]. 上海: 东华大学, 2019.
[276] 张闻, 郑多, 龙莉, 等. 医学生物学 [M]. 北京: 中国医药科技出版社, 2016.
[277] 张文莉. 生物材料及其应用 [J]. 医药工程设计杂志, 2003 (3): 7-10.
[278] 张筱林. 口腔生物学 [M]. 北京: 北京大学医学出版社, 2005.
[279] ZHANG X W, MENG X, CHEN Y Y. The Biology of Aging and Cancer Frailty, Inflammation, and Immunity [J]. Cancer Journal, 2017 (4): 201-205.
[280] ZHANG Y, ZHANG Y, LI X S, et al. A Compliant and Biomimetic Three-Layered Vascular Graft for Small Blood Vessels [J]. Biofabrication, 2017, 9 (2).
[281] 张阳德, 欧阳洋. 临床常用生物材料及其应用前景 [J]. 中国医学工程, 2004 (5): 34-37.
[282] 张迎梅. 以弹性和顺应性为导向的小口径人工血管的制备及性能研究 [D]. 苏州: 苏州大学, 2019.
[283] 赵成如, 史文红, 金刚. 医用敷料 [J]. 中国医疗器械信息, 2007, 13 (7): 15-22.
[284] 赵广建. 几种皮肤生物敷料的生物相容性评价 [J]. 中国组织工程研究与临床康复, 2008, 12 (14): 2701-2704.
[285] 赵荟菁, 腔内隔绝术用人造血管体外疲劳耐久性能研究及仿生疲劳仪的设计 [D]. 上海: 东华大学, 2009.
[286] 赵琳, 宋建星. 创面敷料的研究现状与进展 [J]. 中国组织工程研究与临床康复, 2007, 11 (9): 1724-1736.
[287] 郑家伟, 赵国臣. 伤口愈合机制的现代认识 [J]. 国外医学, 1992, 19 (1): 19-22.
[288] 郑云慧, 朱群娥. 保湿敷料与伤口愈合 [J]. 护理与健康, 2007, 6 (3): 157-159.
[289] 钟海英. 纤维素纤维及其衍生物在医用敷料中的应用 [C]. 中国纺织工程学会, 北京纺织工程学会, 第 8 届功能性纺织品及纳米技术研讨会论文集, 2008: 485-488.
[290] 周杰. 纺织医用新型伤口护理湿性敷料 [R]. 武汉: 中国产业用纺织品行业协会, 2009.
[291] 周劲松. 组织学彩色图谱 [M]. 西安: 西安交通大学出版社, 2018: 10-47.
[292] 周坤友. 一种多功能医用绷带: 中国, 105342754A [P]. 2016-02-24.
[293] 周子茗, 郭国骥. 细胞图谱: 解码人体基本单元的奥秘 [J]. 科学, 2020 (4): 30-34.
[294] 朱大年. 生理学 [M]. 上海: 复旦大学出版社, 2008.
[295] 朱方强, 陈民佳, 朱明, 等. 炎症与组织再生修复 [J]. 中华损伤与修复杂志, 2017 (12): 72-76.
[296] 祝国成, 杨红军, 欧阳晨曦, 等. 纬编织物增强小口径丝素聚氨酯人造血管的力学性能研究 [J]. 透析与人工器官, 2011 (2): 5-9.

[297] 朱家恺. 神经再生与神经组织工程 [J]. 中国康复理论与实践，2002 (5)：286-288.

[298] 朱尽顺，何方. 生物纤维在医疗领域的应用 [J]. 中国纤检，2011 (15)：78-79.

[299] ZHU T，WU J R，ZHAO N，et al. Superhydrophobic/Superhydrophilic Janus Fabrics Reducing Blood Loss [J]. Advanced Healthcare Materials，2018 (7)：1701086-1701095.

[300] 庄华炜，何叶丽. 医用纺织品的应用进展 [J]. 印染，2017 (5)：54-56.

[301] 左伋，郭锋. 医学细胞生物学 [M]. 上海：复旦大学出版社，2015：217-233.

[302] 左新钢，张昊岚，周同，等. 调控细胞迁移和组织再生的生物材料研究 [J]. 化学进展，2019 (11)：1576-1590.

[303] 朱圆，曹伟新. 外科伤口敷料的选择 [J]. 解放军护理杂志，2005，22 (4)：56-58.

[304] ISO 7198：1998，Cardiovascular Implants—Tubular Vascular Prostheses [S]. 1998.

[305] BS/EN ISO 25539-1：2017，Cardiovascular Implants—Endovascular Devices Part 1：Endovascular Prostheses [S]. 2017.

[306] Rontex America Inc. Method of Producing Needled，Non-Woven Tubing：US，4085486 [P]. 1978-04-25.

[307] Rontex America Inc. Apparatus for Producing Needled，Non-Woven Tubing：US，4138772 [P]. 1979-02-13.

[308] 上海微创医疗器械（集团）有限公司. 一种人造血管及其制备方法和针刺模具：中国，201410294238.X [P]. 2016-02-10.

[309] Toray Industries Inc. Process for Producing A Tubular Nonwoven Fabric and Tubular Nonwoven Fabric Produced by the Same：US，5296061 [P]. 1994-03-22.

[310] http：//www. inda. org/category/nwn_ index. html. (2020. November 12)

[311] https：//standards. cen. eu/. (2020. November 12)

[312] http：//image. baidu. com. (2020. November 12)

[313] 曹钰彬，刘畅，潘韦霖，等. 引导骨再生屏障膜改良的研究进展 [J]. 华西口腔医学杂志，2019 (37)：325-329.

[314] 姜健，黄盛兴. 口腔屏障膜在位点保存术中的研究进展 [J]. 分子影像学杂志，2019 (42)：498-505.

[315] 郑文奕，王婧，罗文. 引导组织和骨再生聚合物屏障膜的改性方法 [J]. 全科口腔医学电子杂志，2020 (7)：37-43.

[316] 任立志，孙睿. 引导骨再生屏障膜材料临床应用进展 [J]. 口腔疾病防治，2020 (28)：404-408.

[317] 姚晨雪. 新型 GBR 丝素蛋白屏障膜的制备及其生物相容性评价 [D]. 浙江理工大学，2017.